Mein erster

Naturführer

Angelika Lenz

Mein erster Naturführer

Ravensburger Buchverlag

Inhalt

Meere und Küsten 79

Die Natur schützen 103

Im Gebirge 93

Toni

Zu diesem Buch

Bist du auch so neugierig wie Toni? Neben spannenden Informationen warten in diesem Buch viele Ideen zum Spielen, Basteln und Experimentieren auf dich. Am besten ist es, du lässt dir von einem Erwachsenen dabei helfen. Wenn du genau schaust, wirst du eine Menge auf den Seiten entdecken:

Passend zum Thema der Seite findest du hier eine Anleitung zum Basteln, Spielen oder Experimentieren.

Hier bekommst du eine Frage gestellt. Die Lösung steht umgekehrt darunter.

Hier erfährst du allerlei erstaunliche Dinge.

Am Ende jedes Kapitels kannst du wiederholen, was du gelernt hast.

Auf jeder Buchseite findest du rechts und links oben ein kleines Bild.
Es erleichtert dir die Suche nach dem Thema, das dich besonders interessiert:

In der Stadt und auf dem Land

Im Wald

Im Garten

Flüsse, Bäche und Seen

Meere und Küsten

Im Gebirge

Die Natur schützen

In der Stadt und auf dem Land

Wilde Tiere in der Stadt

Wilde Tiere leben in der freien Natur auf Wiesen und in Wäldern. Man findet sie aber auch in der Stadt zwischen Hochhäusern und Autos. In einer Stadt mit vielen Menschen gibt es für die Tiere viel zu fressen und ein warmes Plätzchen zum Schlafen.

Na so was!

In einer Großstadt leben mehrere Hundert Füchse – auch wenn wir selten einen sehen. Das liegt daran, dass sie meist erst nachts auf Futtersuche gehen.

Welche Tiere leben in der Stadt?

In der freien Natur werden kleinere Raubtiere wie Füchse und Marder gejagt. In den Straßen und Häusern der Stadt können sie ungestört auf Futtersuche gehen. Nur auf die vielen Autos müssen sie aufpassen. Auch die Fledermäuse haben das Leben in der Stadt schätzen gelernt: Sie schlafen tagsüber unter Fensterläden oder unter Dächern. Auf den Grünflächen haben viele Insekten und Vögel ein Zuhause gefunden.

Wie wohnen die Tiere in der Stadt?

Ratten und Mäuse hausen in den Kanalrohren unter der Erde. Sie ernähren sich von den zahlreichen Essensresten, die dorthin geschwemmt werden. Steinmarder und Füchse richten sich in leer stehenden Gartenhäusern oder Schuppen ein. Hier bringen sie fernab vom Trubel der Stadt ihre Jungen zur Welt. Schmetterlinge und Eichhörnchen bevölkern die Parks.

Die Fledermaus sendet Töne aus, die von dem Insekt wie ein Echo abprallen. Sie kann das Echo mit ihren großen Ohren hören.

Füchse, Marder oder Ratten suchen nachts in den Mülleimern der Menschen nach Essensresten.

Wie findet die Fledermaus nachts ihren Weg?

Die Fledermaus schläft tagsüber und fliegt erst aus, wenn es Nacht wird. Im Dunkeln findet sie ganz sicher ihren Weg. Dazu stößt sie im Flug hohe, schrille Töne aus, die wir nicht hören können. Wenn diese Töne auf ein Hindernis wie einen Baum oder ein Insekt stoßen, werden sie davon wie ein Echo zurückgeworfen. Die Fledermaus deutet dieses Echo und „sieht" damit ihre Umgebung. Sobald sie einen Nachtfalter erkennt, schnappt sie sich diesen.

Ein Zuhause für Tiere

Manche wilde Tiere finden an den Häusern von Menschen eine Bleibe. Oft leben sie sogar mit uns im Haus oder unter dem Dach. Hier haben sie es kuschelig warm und Wind und Wetter können ihnen nichts anhaben.

Wer rumpelt nachts auf dem Dachboden?

Der Marder schläft tagsüber gern auf dem Dachboden. Man hört ihn poltern, wenn er sich abends auf den Weg nach draußen macht. Im Herbst zieht oft auch der Siebenschläfer ein. Um sich mit Artgenossen zu verständigen, knurrt, quiekt und schnarcht er.

Wie baut der Sperling sein Nest?

Haussperlinge (auch Hausspatzen genannt) brüten am liebsten in Nischen und Mauerritzen oder unter Dachbalken. Das Sperlingspaar sucht Grashalme, Blätter und Papierfetzen und baut daraus ein kugeliges Nest. In das Nest legt das Weibchen seine Eier und brütet sie mit seiner Körperwärme aus. In der Schale wächst ein Küken heran. Sobald es groß genug ist, pickt es die Schale mit seinem Eizahn auf und schlüpft heraus.

Vor allem in älteren Häusern gibt es viele Schlupflöcher, durch die die Tiere in den Dachboden gelangen können.

Diese Vögel leben in Städten und Dörfern

Auf der ganzen Welt bevölkern Scharen von Tauben die Städte.

Stadttaube

Aussehen: graublau, am Hals grünlich und lila; Flügel mit schwarzen Streifen oder Flecken
Nistplatz: in Nischen und auf Mauervorsprüngen
Ruf: „Ruguh-ruguhu-guh"
Dauergast

Bei den Haussperlingen sehen Männchen und Weibchen unterschiedlich aus.

Haussperling (Hausspatz)

Aussehen: Männchen graue Kopfkappe und dunkler Fleck an der Kehle; Weibchen hellbraunes Federkleid
Nistplatz: unter Dachbalken und in Mauernischen
Ruf: „Tschilp-tschilp"
Dauergast

Hausrotschwanz

Aussehen: grau bis auf den roten Schwanz; beim Männchen weißer Fleck am Flügel
Nistplatz: in Mauerlöchern oder Felslöchern und unter Dachvorsprüngen
Ruf: bei Gefahr „Tsip-tek-tek-tek"
Zugvogel

Du erkennst den Vogel an seinem rostroten Schwanz.

Star

Aussehen: im Frühjahr schwarzes Gefieder und langer, gelber Schnabel; im Herbst helle Tupfen dunkelbrauner Schnabel
Nistplatz: in Baumhöhlen, Mauerspalten und unter Dächern
Ruf: pfeifende, schnalzende und schnurrende Laute
Zugvogel

Im Herbst kann man riesige Schwärme lärmender Stare sehen.

Mauersegler sind dank ihrer langen Flügel Meister im Schnellfliegen.

Mauersegler

Aussehen: lange, sichelförmige Flügel; kurzer Schwanz; sehr kurzer Schnabel; rußfarbenes Federkleid
Nistplatz: unter Hausdächern und in Mauerspalten
Ruf: bei der Partnersuche „Sriih" oder „Sprih"
Zugvogel

Die Mehlschwalbe fängt Insekten im Flug.

Mehlschwalbe

Aussehen: blauschwarz, unten weiß; Schwanz kurz und nur leicht gegabelt
Nistplatz: unter den Dächern von Häusern und Ställen
Ruf: zwitschert leise „Tschrrip" im Flug
Zugvogel

Pflanzen in der Stadt

Pflanzen haben es nicht leicht in der Stadt: Sie müssen mit Staub und Hitze auskommen. Manche finden kaum Nahrung, weil ihnen Erde und Wasser fehlen. Doch genügsame Wildpflanzen gedeihen sogar zwischen Steinen.

Na so was! Manche Pflanzen sind stärker als Steine! Ein Löwenzahn zum Beispiel kann mit seinen Wurzeln den harten Asphalt von Straßen durchbrechen.

An Bahngleisen und am Straßenrand wachsen neben dem Sommerflieder (Foto) auch die weiße Schafgarbe oder Klee.

Überlebenskünstler wie die Wegwarte auf dem Foto nehmen mit winzigen Ritzen im Gehweg vorlieb.

Efeu und wilder Wein klettern Hauswände hoch und überziehen sie mit einem dichten, grünen Kleid.

Flachdächer bieten Moosen, bunten Wildblumen und Gräsern viel Platz und Licht.

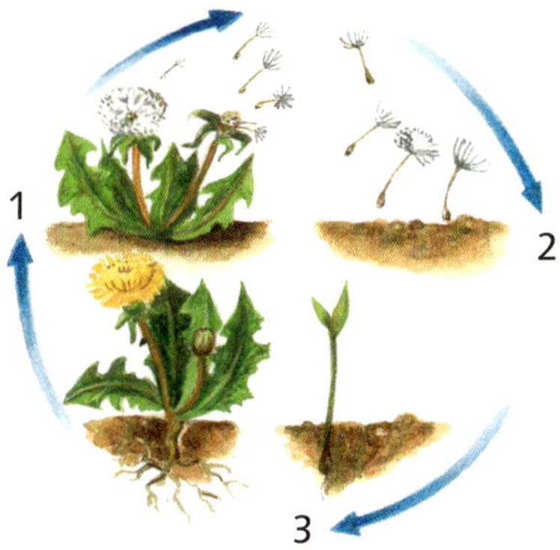

Warum verliert die Pusteblume ihre Fallschirmchen?

Wenn der gelbe Löwenzahn verblüht ist, wird er zur Pusteblume. An jedem der weißen Fallschirmchen sitzt ein Samen. Sobald man die Blume anpustet oder der Wind hineinbläst, lösen sich die Schirmchen und schweben davon (1). An einem anderen Ort fallen sie mit den Samen auf den Boden (2). Hier wächst im nächsten Jahr ein neuer Löwenzahn (3).

Wozu brauchen wir Parks?

Ein Park mit seinen vielen Bäumen und Sträuchern sorgt für bessere Luft in einer Stadt. Hier finden Pflanzen Platz, die es im Umland nicht mehr gibt. Diese locken viele Schmetterlinge an. Die Grünflächen sind außerdem ein geschützter Lebensraum für Eichhörnchen, Vögel und andere kleine Tiere. Wir Menschen können uns darin erholen.

Auf der bunten Wiese

Eine blühende Wiese mit ihren verschiedenen Blumen und Gräsern ist wunderschön. Darin verstecken sich Insekten und andere Tiere, die hier immer genug zu fressen finden. Wenn du genau hinschaust, kannst du auf einer Wiese ganz viel entdecken.

Bienenwaben

Was arbeitet die Honigbiene?

Ein Bienenstock besteht aus vielen Waben, in die die Bienen ihre Eier legen. Die Sammelbienen sammeln einen süßen Saft, den Nektar, aus den Blüten. Im Stock verwandeln die Arbeiterbienen diesen in Honig. Damit füttern sie die Larven, die aus den Eiern geschlüpft sind.

Wie wohnt der Maulwurf?

Unter der Wiese hat der Maulwurf seinen Bau. Er gräbt mit seinen Vorderfüßen Gänge und Kammern. Dabei schüttet er die Erde zu Maulwurfshügeln auf. Sein Bau besteht aus einer Vorratskammer, einer Schlafkammer und einer Nestkammer.

Wie baut die Kreuzspinne ihr Netz?

Mit den Spinnwarzen am Hinterleib stellt die Spinne einen Faden her. Diesen Faden lässt sie umher schwingen, bis er an einem Halm kleben bleibt. Dann gleitet sie von der Mitte des ersten Fadens nach unten und zieht einen weiteren Faden hinter sich her. Den befestigt sie am Boden. So entsteht ein Grundgerüst in Form des Buchstabens Y. Um dieses herum baut sie einen Rahmen und fügt weitere Speichen hinzu.

Spielidee

Blumenpärchen

Für dieses Spiel braucht ihr einen Spielleiter, mindestens zwei Spieler, zwei Tücher und eine Uhr.
Der Spielleiter sammelt auf einer Wiese verschiedene Pflanzen. Dabei nicht die Wurzeln mit ausreißen! Er breitet die Pflanzenteile auf dem hellen Tuch aus und deckt sie mit dem anderen Tuch ab. Dann nimmt er das obere Tuch weg und ihr schaut euch die Blumen und Gräser eine Minute lang genau an.

Jetzt sucht ihr auf der Wiese die Pflanzen, die ihr auf dem Tuch gesehen habt. Ihr habt fünf Minuten Zeit. Danach vergleicht ihr sie. Auf den nächsten beiden Seiten erfährst du, wie die Blumen auf der Wiese heißen.

Wiesenpflanzen

Auf diesen Seiten findest du die Blumen, die auf unseren Wiesen am häufigsten vorkommen. An ihren Blättern, ihren Blüten und ihrer Blütezeit kannst du sie erkennen.

Der Hahnenfuß wird auch Butterblume genannt.

Scharfer Hahnenfuß

Aussehen: hoher Stängel mit gespreizten Blättern, die aussehen wie der Fuß eines Hahns
Blüten: glänzend goldgelb mit fünf Blättern
Blütezeit: Mai bis Juli
Achtung: giftig!

Warum sind die Blüten bunt?

Die bunten Blüten der Wiesenpflanzen locken viele Insekten an. Sie landen auf den Blüten, um den süßen Nektar zu trinken. Dabei bleibt an ihrem Haarkleid der Blütenstaub hängen und gelangt so von einer Blüte zur nächsten. Landet der Blütenstaub auf einer Pflanze derselben Art, wird sie bestäubt und ein neuer Samen wächst heran. Aus diesem kann sich eine neue Blume entwickeln.

Gänseblümchen

Aussehen: kurzer Stängel mit rundlichen Blättern
Blüten: weiß-gelbe Blütenkörbchen
Blütezeit: Februar bis November

Das Gänseblümchen fühlt sich auf gemähten Wiesen am wohlsten, denn dort wird es nicht überwuchert.

Viele Blumen brauchen die Hilfe von Insekten, um sich zu vermehren.

Du erkennst die Glockenblume an ihren zarten, nickenden Blüten.

Rundblättrige Glockenblume

Aussehen: dünner Stängel
Blüten: mehrere lilafarbene Blütenglocken
Blütezeit: Juni bis September

Besonders Hummeln lieben den Nektar des Wiesensalbeis.

Wiesensalbei

Aussehen: langer, behaarter Stängel mit spitzen, gezackten Blättern
Blüten: blauviolette Blüten, die wie Trauben übereinander wachsen
Blütezeit: April bis August

Schmetterlinge mögen den Nektar der Roten Lichtnelke.

Rote Lichtnelke

Aussehen: behaarter Stängel
Blüten: rote bis rosarote Blüten mit fünf Blütenblättern
Blütezeit: April bis September

Wegwarte

Aussehen: verzweigter und teilweise sehr hoher Stängel
Blüten: himmelblaue Blütensterne
Blütezeit: Juli bis Oktober

Die Blüten der Wegwarte sind nur vormittags geöffnet.

Margerite

Aussehen: langer, aufrechter Stängel
Blüten: weiß-gelbe Blütenkörbchen
Blütezeit: Mai bis Oktober

Weil sie sich stark ausbreitet, nennt man die Margerite auch Wucherpflanze.

Kühe und Pferde fressen die gut duftenden Blüten des Rotklees.

Wiesenklee (Rotklee)

Aussehen: kahler oder kurz behaarter, hochwachsender Stängel
Blüten: rötliche, kugelige Blütenköpfchen, die fein duften
Blütezeit: Juni bis Oktober

Im Sommer taucht der Klatschmohn ganze Wiesen in kräftiges Rot.

Klatschmohn

Aussehen: hoher, borstiger Stängel
Blüten: leuchtend rote Blüte, die in der Mitte schwarz ist
Blütezeit: Mai bis Juli

Insekten auf der Wiese

Wenn du auf einer Wiese die Ohren spitzt, hörst du es summen, brummen und schwirren. Das sind die Insekten, die sich auf einer Wiese tummeln.

Was ist ein Insekt?

Insekten sind die größte Gruppe im Tierreich: Zu ihnen gehören weit über eine Million verschiedener Arten. Der Körper der Insekten besteht immer aus den drei Teilen Kopf, Brust und Hinterleib. Außerdem haben alle Insekten sechs Beine, zwei Fühler und mindestens ein Paar Flügel. Sie besitzen kein Skelett mit Knochen, sondern tragen meist eine Art Panzer außen am Körper.

Die Weibchen stechen, wenn sie sich bedroht fühlen.

Honigbiene
Aussehen: dunkelbraun, an Brust und Hinterleib gelblich behaart; vier durchsichtige Flügel; Stachel
Nahrung: Pollen und Nektar
Besonderheit: lebt in einem Bienenvolk

Wespe
Aussehen: schwarz-gelbe Zeichnung; schmale Taille; vier Flügel; Stachel
Nahrung: Insekten und Spinnen, auch Fleisch und Obst
Besonderheit: baut ein kugeliges Nest auf der Erde oder auf Dachböden

Die Wespe lebt in Gärten, auf Wiesen und in Wäldern.

Die Erdhummel trägt ein dichtes, pelziges Haarkleid.

Erdhummel
Aussehen: doppelt so groß wie Honigbiene; schwarz mit gelbem Streifen auf Brust und Hinterleib; Ende des Hinterleibs weiß; vier Flügel
Nahrung: Pollen und Nektar
Besonderheit: baut ihr Nest oft in verlassenen Mäusenestern oder in Baumhöhlen

Na so was! Spinnen sind keine Insekten! Denn sie haben nicht sechs, sondern acht Beine.

An Sommerabenden kannst du Glühwürmchen leuchten sehen.

Gemeines Glühwürmchen

Aussehen: klein; Männchen braun, Weibchen gelblich weiß und ohne Flügel
Nahrung: frisst als erwachsener Käfer nichts mehr
Besonderheit: leuchten, damit sie sich im Dunkeln finden und paaren können

Blutzikaden haben eine auffällige Musterung.

Blutzikade

Aussehen: sehr kleiner und ovaler Körper; Flügel schwarz-rot gemustert; kurze Fühler
Nahrung: Saft verschiedener Pflanzen
Besonderheit: Die Larven bauen sich selbst Nester aus Schaum, in denen sie heranwachsen.

Gemeiner Grashüpfer

Aussehen: grüner oder brauner Körper; lange, kräftige Hinterbeine, große Augen
Nahrung: verschiedene Gräser
Besonderheit: Das Männchen „singt", indem es die Hinterbeine an den Flügeln reibt.

Bei Gefahr stößt er sich mit seinen langen Hinterbeinen ab.

Gemeiner Ohrwurm

Aussehen: brauner Körper, gelbliche Deckflügel und Beine; Zangen am Hinterleib
Nahrung: kleine Insekten und Pflanzen
Besonderheit: legt seine Eier in Bodenröhren ab

Mit den Zangen packt der Ohrwurm seine Beute.

An Sommertagen kannst du das Männchen zirpen hören.

Feldgrille

Aussehen: dunkelbraun und schwarz; dicker Kopf mit langen Fühlern; lange Flügel; kräftige Hinterbeine
Nahrung: Blätter und Wurzeln, kleinere Insekten und tote Tiere
Besonderheit: Das Weibchen legt seine Eier in der Erde ab

Marienkäfer fressen die schädlichen Blattläuse.

Siebenpunkt-Marienkäfer

Aussehen: halbkugeliger Körper; glänzend rote Flügeldeckel mit sieben schwarzen Punkten
Nahrung: Blattläuse
Besonderheit: Weibchen legt seine bis zu 400 Eier auf Blättern mit vielen Blattläusen ab

In der Hecke

Hecken sind grüne Grenzen: Sie wachsen um Gärten herum oder am Rand von Feldern. Eine Hecke sorgt im Sommer für Schatten und liefert Futter für allerlei Tiere.

Was blüht in der Hecke?

In einer Hecke wachsen verschiedene Sträucher wie der Schwarze Holunder oder die Heckenrose. Am Rand gedeihen niedrigere Wildkräuter wie die Brennnessel und schließen die freien Räume zwischen den Sträuchern. Manche Pflanzen wachsen auf der Sonnenseite der Hecke, andere ziehen den Schatten vor. Auf der nächsten Seite findest du die Steckbriefe der Heckensträucher.

Die Hecke ist ein wichtiger Lebensraum, denn hier finden viele Pflanzen und Tiere Schutz und Nahrung.

Wer nistet in der Hecke?

Im dichten Unterholz der Hecke können Rotkehlchen und Goldammern ungestört brüten. Weiter oben bauen Hänflinge, Dorngrasmücken und Neuntöter ihr Nest. Zwischen den verschiedenen Sträuchern finden sie genug Samen und Insekten für die hungrigen Jungen. Der Neuntöter zum Beispiel spießt Käfer und Grillen an Dornen auf und legt so einen Futtervorrat an.

Quiz

Wo nistet das Rotkehlchen?

Lösung: im Unterholz der Hecke

Ist die Blindschleiche wirklich blind?

Die Blindschleiche sieht aus wie eine Schlange. Tatsächlich ist sie aber eine ganz harmlose Eidechse ohne Beine. Anders als ihr Name vermuten lässt, kann die Blindschleiche mit ihren kleinen roten Augen sehr wohl sehen. Bei der Nahrungssuche hilft ihr außerdem ihr guter Geruchssinn.

Experiment

Insektenforscher

In einer Hecke wimmelt es nur so von Insekten und kleinen Krabbeltieren. Um sie zu erforschen, brauchst du ein weißes Tuch, eine Lupe und Gartenhandschuhe.

Breite das weiße Tuch neben einer Hecke aus. Ziehe die Gartenhandschuhe an, damit du dich nicht verletzt, und nun schüttle ganz kräftig an den Büschen. Du wirst dich wundern, wie viele Tierchen da herunterpurzeln!

Mit der Lupe kannst du die kleinen Krabbeltiere dann untersuchen. Schau genau, wie viele Beine und Flügel die Tiere haben, wie lang ihre Fühler sind, wie groß der Kopf ist und wie ihr Körper gebaut ist.

Sträucher und Früchte der Hecke

Im Frühling locken die Heckensträucher mit ihren bunten Blüten viele Insekten an. Aus den Blüten wachsen Früchte und Beeren mit Samen, über die sich die Vögel freuen. Doch Achtung: Für Menschen sind einige giftig!

Die Schlehe heißt auch Schwarzdorn.

Schlehe

Aussehen: Baum oder Strauch; Dornen an den Ästen; spitz oder schmal zulaufende Blätter
Blüten: üppige, weiße Blüten von März bis Mai
Früchte: kleine, runde, blaue Schlehen; gekocht genießbar als Marmelade und Saft

Warum trägt die Hecke Früchte?

In jeder Frucht stecken viele kleine Samen, aus denen ein neuer Strauch werden kann. Wenn ein Vogel eine Beere frisst, verschluckt er auch den Samen (1). Später scheidet er ihn an einem anderen Ort wieder aus (2). Der Samen fällt auf die Erde und dort wächst eine neue Pflanze heran.

Weißdorn

Aussehen: dicht verzweigt; Zweige mit kleinen Dornen; Blätter mit gesägtem Rand
Blüten: weiße, unangenehm riechende Blüten von Mai bis Juni
Früchte: kugelige, glänzend rote Früchte, die säuerlich schmecken

Die Dornen des Weißdorns pieksen!

Die rohen Beeren sind giftig!

Schwarzer Holunder (Holler)

Aussehen: kleiner Baum oder breit wachsender Strauch mit überhängenden Zweigen; gesägte Blätter
Blüten: große, weißgelbe Blütendolden von Juni bis Juli
Früchte: schwarze Beeren; nur gekocht genießbar als Saft oder Gelee
Achtung: giftig!

Brombeeren sind saftig und süß im Geschmack.

Brombeere

Aussehen: verzweigter, stacheliger Kletterstrauch mit dichtem Gestrüpp; gezähnte Blätter
Blüten: weiße oder rosafarbene Blüten von Juni bis August
Früchte: schwarzrote bis schwarze Trauben, die lecker schmecken

Die Blütendolden sind weiß wie Schneebälle.

Gemeiner Schneeball

Aussehen: verzweigter Strauch; Blätter an der Unterseite behaart
Blüten: große, weiße Dolden von Mai bis Juni
Früchte: kleine, runde, glänzend rote Beeren
Achtung: ungenießbar!

Sanddorn

Aussehen: verzweigter Strauch oder kleiner Baum; Äste mit Dornen an der Spitze; Blätter an der Unterseite silberweiß
Blüten: gelbliche Blüten von März bis Mai
Früchte: kleine, runde, orangefarbene Früchte; gekocht genießbar als Marmelade oder Saft

Sanddornbeeren sind reich an Vitamin C.

Gemeine Schneebeere

Aussehen: verzweigter Strauch mit dünnen Zweigen, die leicht überhängen; einfache Blätter mit kurzen Stielen
Blüten: kleine, glockenförmige, rosa-weiße Blüten von Juni bis August
Früchte: weiße Beeren
Achtung: giftig!

Die Beeren nennt man auch Knallerbsen.

Die Blüten duften angenehm.

Heckenrose

Aussehen: aufrechter Strauch mit langen, überhängenden Ästen mit kräftigen Stacheln; Blätter mit gesägtem Rand
Blüten: von Mai bis Juli hellrosa bis weiße Blüten
Früchte: längliche, leuchtend rote Hagebutten; essbar als Marmelade oder Mus

Im Winter fressen die Vögel die Samen.

Gemeines Pfaffenhütchen

Aussehen: verzweigter Strauch oder kleiner Baum; fein gesägte Blätter
Blüten: weißlich grüne Blüten im Mai
Früchte: kleine, orangerote Früchte in rosa-roter Hülle
Achtung: giftig!

In Feld und Flur

Felder sind die Heimat von vielen Tieren. Menschen bauen darauf Getreide und Gemüse an.

Warum hat der Feldhase so große Ohren?

Über die Ohren gibt der Feldhase Wärme aus dem Körper ab. Da die Vorfahren des Feldhasen in sehr warmen Gebieten lebten, brauchten sie möglichst große Ohren. Mit ihnen konnten sie ihre Körpertemperatur niedrig halten. Man kann also noch an dem heutigen Feldhasen erkennen, wie seine Vorfahren lebten. Der Schneehase, der in kalten Gegenden lebt, hat wiederum ganz kleine Ohren. Damit hält er den Wärmeverlust klein.

Wie baut die Zwergmaus ihr Nest?

Die kleine Zwergmaus hat einen Schwanz, der genauso lang ist wie ihr Körper. Beim Nestbau hält sie sich damit an einem Getreidehalm fest und schneidet andere Halme in Streifen. Diese verflicht sie miteinander, ohne sie von den Stängeln abzutrennen. Das fertige Nest hängt dann sicher in der Luft.

Wie jagt der Mäusebussard?

Der Mäusebussard ist der häufigste Greifvogel bei uns. Auf der Jagd nach Feldmäusen kreist er hoch über Wiesen und Feldern. Seinen scharfen Augen entgeht keine Bewegung am Boden. Hat er Beute ausgemacht, schießt er im Sturzflug herab und packt sie mit seinen kräftigen Füßen.

Bastelidee

Eine Puppe aus Stroh

Aus Materialien, die du im Feld oder in der Wiese findest, kann man tolle Sachen basteln.

Du brauchst: zwei Bündel Strohhalme oder feste Gräser, Wollreste oder Bindfaden, Blumen und Beeren.

1. Biege ein Bündel in der Mitte um und binde den oberen Teil ab: Das ist der Kopf. Halbiere das zweite Bündel. Lege einen Teil davon quer zum Körper und verbinde ihn mit diesem. Das werden die Arme.

2. Wickle mit dem zweiten Teil des Bündels einen Gürtel um die Körpermitte und verknote die Enden gut. Teile die Halme unterhalb des Gürtels in zwei Hälften: Das werden die Beine.
3. Mit den Blumen und Beeren kannst du das Gesicht der Puppe gestalten.

Mach mit!

▶ Welche dieser Tiere sind Insekten? Woran erkennst du sie?

▶ Wer ist wo zu Hause?

▶ Kannst du jeder Blüte ihre Frucht zuordnen?

Im Garten

Wer im Garten lebt

Um Tiere in der Natur zu beobachten, muss man nur in den Garten gehen: Vögel nisten in den Sträuchern und Bäumen, Igel rascheln im Gebüsch und auch der Boden steckt voller Leben.

Warum trägt die Schnecke ein Haus?

Die Schnecke hat einen weichen, feuchten und empfindlichen Körper. Wenn es ihr draußen zu kalt, zu heiß oder zu trocken wird, zieht sie sich einfach in ihr Haus zurück. Dort ist sie auch vor Fressfeinden sicher. Wenn die Schnecke größer wird, wächst ihr Haus mit und bekommt mehr Ringe.

Diese Marienkäfer kannst du im Garten finden:

Siebenpunkt-Marienkäfer · Zweipunkt-Marienkäfer · 14-Punkt-Marienkäfer

Bei Gefahr wirft sich der Marienkäfer auf den Rücken und scheidet eine stinkende, gelbe Flüssigkeit aus.

Die verschiedenen Pflanzen in einem bunten Garten locken viele Tiere an.

Na so was! Die harmlose Schwebfliege ahmt das Aussehen der giftigen Wespe nach, um nicht von Vögeln gefressen zu werden.

Diese stachelige Kugel ist ein Igel, der sich fürchtet.

Warum hat der Igel Stacheln?

Wenn der Igel sich bedroht fühlt, rollt er sich zu einer Kugel zusammen. Dann stehen seine mehreren Tausend Stacheln bedrohlich in alle Richtungen ab und kein Tier traut sich mehr an ihn heran. Leider werden viele Igel überfahren, da sie sich aus Angst auch vor einem heranfahrenden Auto einrollen.

Singvögel im Garten

Manche Vögel bleiben das ganze Jahr über in ihrer Heimat. Andere versammeln sich im Herbst mit Artgenossen und ziehen gemeinsam in wärmere Gegenden, weil sie bei uns nicht mehr genug Futter finden. Das sind die Zugvögel.

Wie finden Zugvögel ihren Weg?

Einige Zugvögel müssen viele Kilometer weit fliegen, bis sie ihr Überwinterungsgebiet erreichen. Auf ihrem wochenlangen Flug orientieren sie sich am Stand der Sonne und an den Bewegungen der Sterne. Außerdem speichern sie in ihrem Gedächtnis auffällige Punkte wie Seen oder Berge auf dem Weg. Im Auge haben die Zugvögel eine Art Kompass, mit dem sie die Himmelsrichtung bestimmen können.

Viele Zugvögel fliegen im Herbst auf die andere Seite der Erde.

Amseln können sogar Handy-Klingeltöne nachahmen.

Amsel

Aussehen: Männchen tiefschwarz, orangefarbener Schnabel; Weibchen und Jungvögel braun, brauner Schnabel, etwas kleiner
Nistplatz: in Büschen, Kletterpflanzen und auf Fenstersimsen
Ruf: flötende Melodien
Dauergast

Zaunkönig

Aussehen: klein und rundlich; braunes Federkleid, unten heller; langer Schnabel; kurzer Schwanz
Nistplatz: am Boden
Ruf: laut und trillernd; bei Gefahr „Tek" und „Tjerrr"
Dauergast

Der Zaunkönig ist der kleinste Gartenvogel.

Der Gesang des Rotkehlchens ähnelt dem der Singdrossel.

Rotkehlchen

Aussehen: runder Kopf; oben olivbraun, unten graubraun; orangerote Brust und Stirn; Jungvögel ohne rote Brust
Nistplatz: in Mulden am Boden
Ruf: „Zick-zick-zick", wenn es gestört wird
teils Zugvogel, teils Dauergast

Die Kohlmeise turnt geschickt in Bäumen und Sträuchern herum.

Kohlmeise

Aussehen: grünlich brauner Rücken; gelbe Unterseite mit schwarzem Längsstreifen; schwarzer Kopf mit weißen Backen; spitzer Schnabel
Nistplatz: in Baumhöhlen, Mauerlöchern und Nistkästen
Ruf: „Pink-pink" und „Zizibäh zizibäh"
Dauergast

Mit seinem kräftigen Schnabel frisst der Grünfink Körner.

Grünfink (Grünling)

Aussehen: gelbgrün; Schwanz und Flügel mit gelbem Streifen am Rand; kräftiger Schnabel
Nistplatz: im dichten Gebüsch und in Kletterpflanzen
Ruf: trillernder Gesang
Dauergast

Blaumeise

Aussehen: olivgrüner Rücken; gelbe Unterseite; Kopfplatte, Schwanz und Flügel blau; weiße Stirn und Backen; schwarzer Streifen am Auge und um den Nacken
Nistplatz: in Höhlen und Nistkästen
Ruf: „Tzi-tzi-tzi" und bei Gefahr „Tjerr-err-tetet"
Dauergast

Blaumeisen haben ein blaues Häubchen auf ihrem Kopf.

Singdrossel

Aussehen: brauner Rücken und helle Unterseite mit dunklen Tupfen
Nistplatz: in Büschen und Bäumen
Ruf: singt laut und wiederholt dabei kurze Strophen mehrfach
Zugvogel

Die Singdrossel ist fast so groß wie die Amsel.

Die Männchen tragen ein schwarzes „Mönchskäppchen".

Mönchsgrasmücke

Aussehen: Oberseite graubraun, Unterseite grau; Männchen mit schwarzer Kopfplatte; Weibchen mit rotbrauner Kopfplatte
Nistplatz: nah am Boden und im Gebüsch
Ruf: „Tsä-tsä-tsä"
Zugvogel

Was im Garten wächst

Ein Garten ist nicht von allein entstanden: Der Besitzer hat verschiedene Bäume, Büsche und Blumen gepflanzt und aufgezogen. All diese Pflanzen brauchen Licht, Wasser und Erde zum Leben.

Welche Pflanzen gibt es im Garten?

In einem Garten wachsen Bäume, Sträucher und Blumen. Bäume und Sträucher beginnen ihr langes Leben als kleiner Keimling und werden langsam größer. Einjährige Blumen wie die Sonnenblume blühen nur in einem Jahr. Zweijährige Blumen wie das Vergissmeinnicht werden im Sommer gesät und blühen im Jahr darauf. Dann sterben auch sie. Mehrjährige Blumen wie die Pfingstrose kommen jedes Jahr wieder neu.

Wovon ernährt sich eine Pflanze?

Wie ein Mensch braucht auch eine Pflanze Nahrung zum Überleben. Über die Wurzeln nimmt sie Wasser und Nährstoffe aus der Erde auf und befördert sie durch den Stängel in die Blätter. Die Blätter fangen das Sonnenlicht ein. Mit dessen Kraft stellen sie aus dem Wasser aus der Erde und dem Gas Kohlendioxid aus der Luft Traubenzucker her. Dieser durchströmt und ernährt die Pflanze. Nebenbei wird dabei Sauerstoff freigesetzt, der unsere Luft verbessert.

Wann blüht der Apfelbaum?

Manche Bäume wie der Apfelbaum tragen Früchte, die man ernten kann. Im April sprießen die ersten Blätter und die Blütenknospen. Im Mai, wenn es wärmer wird, öffnen sich die weißen Blüten. Sie locken viele Insekten an, die die Blüten mit Pollen bestäuben. Bis zum Herbst reifen aus den Blüten die saftigen Äpfel heran. Diese Früchte tragen den Samen, aus dem ein neuer Baum wachsen kann.

Experiment

In der Pflanzenschule

Wie aus einem Samen eine kleine Pflanze wird, kannst du selbst beobachten. Dazu kannst du dir entweder im Baumarkt Blumensamen kaufen – oder du läufst im Sommer mit Wollsocken über eine Wiese mit Wildblumen. Nach einer Weile kleben an der Unterseite Samen. Zieh die Socken vorsichtig aus und trage sie nach Hause.

Fülle einen Blumentopf mit Blumenerde. Zupfe die Samen von den Socken und lege sie hinein. Gib noch eine dünne Lage Erde darüber und drücke sie leicht an. Dann vorsichtig gießen.
Stelle den Topf auf den Balkon in die Sonne und gieße ihn jeden Tag. Schon bald sprießen die ersten Triebe aus dem Boden. Und mit etwas Glück wird daraus eine kleine bunte Topf-Blumenwiese.

Schmetterlinge im Garten

Die Schmetterlinge gehören zu den Insekten. Ihre Flügel schillern oft in bunten Farben. Sie haben einen langen Rüssel, den sie ausrollen können. Damit saugen sie den Nektar der Pflanzen auf.

Die „Augen" auf seinen Flügeln sollen Fressfeinde erschrecken.

Tagpfauenauge

Raupe: schwarz mit weißen Punkten; stachelig
Schmetterling: groß; Oberseite rotbraun mit vier auffällig blau-schwarz-gelben Kreisen (den „Augen")
Nahrung: Nektar von Disteln und anderen Blüten;

Zitronenfalter

Raupe: grün mit hellen Seitenstreifen
Schmetterling: groß; Männchen gelb; Weibchen grünlich weiß; vier orangerote Punkte auf den Flügeln
Nahrung: Nektar von Distel und Sommerflieder

Die Flügel des Männchens erinnern an das Gelb einer Zitrone.

Wie kommt ein Schmetterling auf die Welt?

Wie alle Insekten legen Schmetterlinge nach der Paarung Eier. Daraus schlüpfen dann die Raupen, die schnell wachsen. Ihre Haut wird ihnen bald zu eng und sie müssen sich deshalb mehrmals häuten. Nach einiger Zeit bildet die Raupe eine Hülle um sich herum. Man sagt, sie verpuppt sich. Im Innern der Puppe verwandelt sich die Raupe in einen Schmetterling, der schließlich aus der Hülle schlüpft.

Der Schmetterling und seine Raupe mögen Disteln.

Distelfalter

Raupe: unterschiedlich gefärbt mit hellem Rückenstreifen; stachelig
Schmetterling: groß; Flügel rötlich mit dunklen Flecken, an den Spitzen schwarzbraun mit weißen Flecken
Nahrung: Nektar von Disteln und anderen Blüten, auch Obst

Die Raupen fressen manchmal ganze Kohlfelder leer.

Großer Kohlweißling

Raupe: grünlich und schwarz gesprenkelt
Schmetterling: groß; weiße Flügel mit schwarzen Spitzen; Weibchen mit zwei schwarzen Punkten
Nahrung: Nektar von Klee und anderen Blüten

Männchen und Weibchen sehen ganz unterschiedlich aus.

Hauhechel-Bläuling

Raupe: kurz; grün mit hellem Seitenstreifen
Schmetterling: klein; Männchen oben blau mit schwarz-weißem Saum; Weibchen braun mit orangefarbenen Punkten
Nahrung: Nektar von Klee und anderen Blüten

Kleiner Fuchs

Raupe: schwarz mit gelben Längsstreifen; stachelig
Schmetterling: mittelgroß; rotbraun mit schwarzen und gelben Flecken; blau-schwarz gemusterter Saum
Nahrung: Nektar von Blüten, auch Obst

Der Schmetterling ist so rotbraun wie der richtige Fuchs.

Zimtbär

Raupe: grau mit rötlichem Längsstreifen; dichter, rostroter Pelz
Schmetterling: klein; braune Vorderflügel mit zwei schwarzen Punkten; Hinterflügel rot mit dunklen Flecken
Nahrung: Nektar von Nachtkerzen und anderen Blüten

Die roten Hinterflügel schrecken Feinde ab.

Den prächtigen Admiral sieht man häufig im Garten.

Admiral

Raupe: unterschiedlich gefärbt; stachelig
Schmetterling: groß; samtschwarz mit roten Streifen auf den Vorderflügeln; weiße Flecken an den Spitzen
Nahrung: faulendes Obst und Nektar von verschiedenen Blüten

Der Schmetterling heißt auch Blutströpfchen.

Sechsfleck-Widderchen

Raupe: gelb mit schwarzen Flecken
Schmetterling: klein; dunkle, grünlich-bläuliche Vorderflügel mit je sechs roten Flecken; rote Hinterflügel; lange Fühler
Nahrung: Nektar von Disteln und anderen Blüten

Gemüse und Kräuter

In einem Garten kann man neben hübschen Pflanzen auch gesundes Gemüse und würzige Kräuter anbauen. Wenn man die Beete richtig pflegt, kann man leckere und frische Sachen ernten.

Na so was!
Kartoffeln haben Augen, aber sehen können sie trotzdem nicht. So nennt man nur die Stellen, aus denen neue Sprosse wachsen.

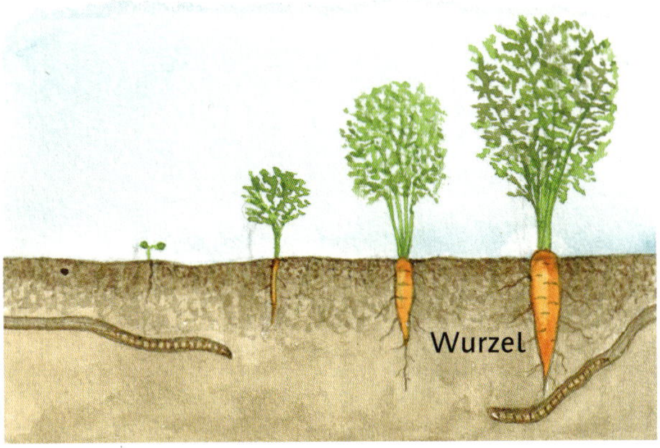

Wie wachsen Möhren?

Möhren entwickeln sich aus Samen. Du kannst beobachten, wie das Kraut über der Erde wächst. Gleichzeitig wird aber auch die Wurzel unter der Erde immer größer und dicker. Die Wurzel ist der Teil der Möhrenpflanze, den wir essen.

Wofür sind Kräuter gut?

Frische Kräuter duften gut und machen ein Gericht würzig. Außerdem enthalten viele Kräuter Stoffe, die bei Krankheiten helfen. Man überbrüht dazu die Blätter mit Wasser und bereitet so einen Tee zu. Zitronenmelisse und Pfefferminze beruhigen den Bauch bei Krämpfen. Bei Husten hilft Thymian und bei einer Erkältung Salbei.

Bastelidee

Bohnenzelt

Im Mai oder Juni kannst du dir im Garten ein grünes Zelt bauen.
Du brauchst: Stangenbohnensamen, fünf etwa gleich lange Stöcke, feste Schnur.

1. Lehne drei Stöcke so aneinander, dass das Gerüst eines Zeltes entsteht. Stecke die Stöcke tief und fest in den Boden. Binde sie an der Spitze mit einer Schnur zusammen.
2. Stecke am Fuß jedes Stockes zwei bis drei Bohnensamen tief in die Erde und gieße sie gut an. Bald treiben die Pflanzen aus und klettern an dem Gerüst hoch. Gieße sie regelmäßig.

Iss die Bohnen keinesfalls roh, denn ungekocht sind sie giftig!

Das Gartenjahr

Im Garten kannst du den Wandel der vier Jahreszeiten Frühling, Sommer, Herbst und Winter besonders gut beobachten. Vor allem die Pflanzen verändern ihr Aussehen im Laufe der Monate sehr.

Im Frühling erwacht der Garten zu neuem Leben. Überall blüht es und das Gras wird saftig grün.

Im Winter schlummern viele Samen unter der Schneedecke in der Erde. Die Laubbäume sind ganz kahl.

Warum blüht im Frühling alles?

Im Frühling scheint die Sonne wieder länger und es wird wärmer. An den Bäumen brechen die Knospen auf und die Blüten entfalten sich. Zwiebeln und Samen, die in der Erde geschlummert haben, wachsen dem Licht entgegen. Pflanzen blühen und locken Insekten an, die sie bestäuben. Überall beginnt neues Leben und auch viele Tiere bekommen im Frühling ihre Jungen.

Quiz

Was brauchen die Pflanzen zum Wachsen?

Lösung: Wasser und Licht

Warum wächst im Winter nichts?

Im Winter sind die Tage kurz und die Sonne scheint wenig. Draußen ist es kalt und der Boden gefriert. Die Pflanzen können daraus kein Wasser mehr aufnehmen. Sie brauchen zum Wachsen aber Wasser und Sonnenlicht. Deshalb ziehen die Pflanzen im Winter ihre Kräfte zurück und ruhen. Sie warten auf das Frühjahr.

Im Sommer ist die Erde oft trocken. Dann haben die Blumen Durst und man muss sie gießen.

Im Herbst leuchtet das Laub an den Bäumen in bunten Farben und fällt dann herunter.

Warum sind Bäume im Sommer wichtig?

Im Sommer scheint die Sonne oft lang und sehr stark. Den meisten Lebewesen im Garten wird es dann zu heiß. Sie genießen den Schatten unter den großen Bäumen. Er kühlt und verhindert, dass die Erde zu sehr austrocknet. Außerdem sorgen Bäume für gute, frische Luft.

Warum färben sich im Herbst die Blätter bunt?

Im Sommer sind die Blätter der Bäume voll von einem grünen Farbstoff. Dieser nimmt das Sonnenlicht auf und speichert die Energie. Damit stellt der Baum seine Nahrung her. Im Herbst bereitet sich der Baum auf den kargen Winter vor. Er zieht den grünen Farbstoff in seinen Stamm zurück, wo er vor der Kälte geschützt ist. Nun werden die Blätter gelb, rot und braun.

Nachts im Garten

Wenn du schlafen gehst, werden viele Tiere erst munter. Sie sind nachtaktiv und kommen erst in der Dämmerung aus ihrem Versteck. In der Nacht gehört ihnen der Garten ganz allein.

Was machen Pflanzen nachts?

Wenn es abends dunkel wird, stellen die Pflanzen keine Nahrung mehr her – denn dazu brauchen sie das Sonnenlicht. Viele Blumen schließen ihre Kelche. Es gibt aber auch Pflanzen, die ihre Blüten erst am Abend öffnen. Mit dem Duft ihres Nektars locken Blumen wie die Nachtkerze und das Geißblatt Nachtfalter an.

Wer ist nachts im Garten unterwegs?

Nachtaktive Tiere ruhen sich am Tag aus. Erst im Schutz der Dunkelheit gehen Igel, Maus, Eule und Fledermaus auf die Jagd. Nachtfalter trinken Nektar und Schnecken futtern Pflanzen. Frösche und Glühwürmchen suchen einen Partner und paaren sich. Du kannst die nächtlichen Gartenbewohner rascheln, quaken und schnaufen hören.

Die nachtaktiven Tiere haben besonders scharfe Augen, Ohren oder andere an die Dunkelheit angepasste Sinne.

Der Spiegel in ihrem Innern lässt die Katzenaugen nachts leuchten.

Wie sehen Katzen im Dunkeln?

Um nachts Beute aufzuspüren, müssen Katzen auch im Dunkeln sehr gut sehen. Damit möglichst viel Licht ins Auge fällt, werden die Pupillen ganz groß. In ihren Augen haben die Katzen empfindliche Zellen, die besonders gut zwischen Hell und Dunkel unterscheiden können. Zusätzlich haben die Katzenaugen eine Art Spiegel, der noch den letzten Rest Licht verstärkt.

Experiment

Streifzug durch den Nachtgarten

In einer Sommernacht den Garten zu erkunden ist sehr spannend. In der Dunkelheit wirkt alles ganz fremd und geheimnisvoll. Überall hörst du Geräusche: Da knacken Zweige, hier raschelt das Laub und zwischen den Büschen schmatzt und schnauft es.

Leuchte mit einer Taschenlampe alle Winkel ab. Am besten ist eine, bei der du das Licht etwas abschwächen kannst. Sei leise und bewege dich ganz behutsam, damit du die Tiere nicht erschreckst. Mach zwischendurch auch mal die Taschenlampe aus und spitze die Ohren: Woher kommen die Geräusche? Findest du die Verstecke der Tiere?

Mach mit!

▶ Hier siehst du denselben Kirschbaum im Frühling, im Sommer, im Herbst und im Winter. Bringe die Bilder in die richtige Reihenfolge!

▶ Welches Gemüse wächst unter der Erde?

▶ Welche Dinge hat jede Blume? Beschreibe.

Im Wald

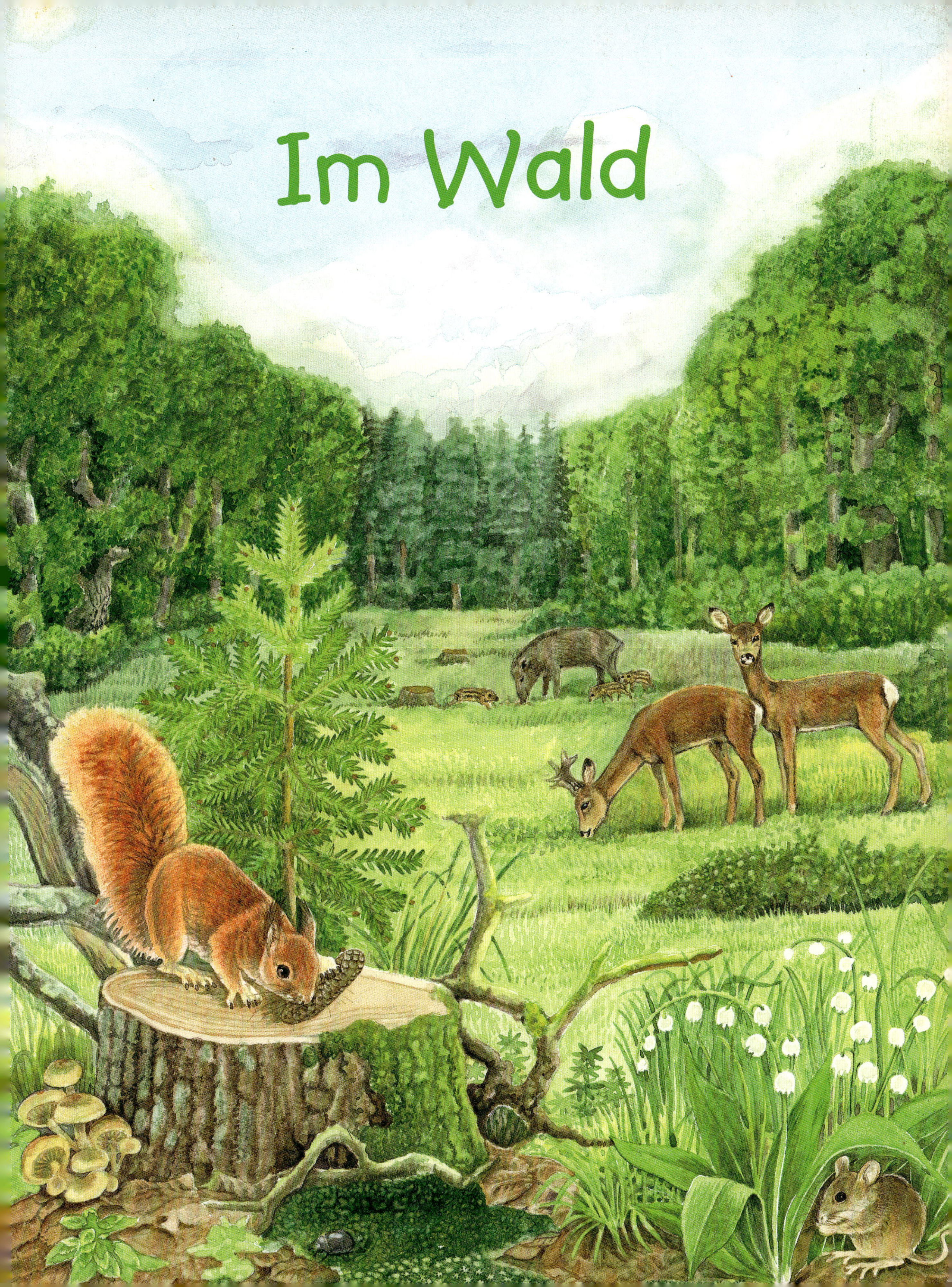

Im „Hochhaus" Wald

Ein Wald hat wie ein Hochhaus mehrere Stockwerke. In den einzelnen Etagen ist es unterschiedlich warm und nicht überall kommt gleich viel Sonnenlicht hin. Auch das Futterangebot und die Nistplätze sind verschieden. Deshalb wohnen in jedem Stockwerk andere Tiere und Pflanzen.

Wer wohnt wo im Wald?

Unter der Erde, im „Keller", haben der Dachs, die Waldmaus und das Wildkaninchen ihren Bau. Auf dem Waldboden, im „Erdgeschoss", tummeln sich viele kleinere Tiere wie Schnecken, Käfer, Spinnen und Würmer. Der Fuchs zieht seine Jungen unter der Erde auf, verbringt die meiste Zeit aber über der Erde. Hier leben auch das Wildschwein und das Reh. Im „ersten Stock", in hohlen Stämmen, findest du das Nest der Hornisse. Das „Obergeschoss" in den Baumkronen teilen sich Singvögel, Eulen und Eichhörnchen.

Ist der Baum ein Lebewesen?

Wir Menschen müssen atmen und essen, um zu überleben und zu wachsen. Wir kommen ganz klein zur Welt und werden mit den Jahren größer. Auch Pflanzen wie der Baum atmen, nehmen Nahrung auf und wachsen. Der Baum vermehrt sich und bewegt sich sogar. Er kann zwar nicht weglaufen, aber zum Beispiel seine Blätter öffnen und schließen. All dies macht den Baum zu einem Lebewesen.

Die Tiere und Pflanzen des Waldes haben sich an ihren Platz im „Hochhaus" angepasst und bilden eine Gemeinschaft.

Na so was!

In unseren Wäldern leben mehr als 7000 unterschiedliche Tierarten. Davon gehören über 5000 zur Gruppe der Insekten.

Unter der Erde

Unter dem Boden erstreckt sich der „Keller" des Waldes. Die Wurzeln der Bäume und anderer Gewächse verzweigen sich hier und geben den Pflanzen Halt. Zwischen den Wurzeln liegen die Gänge und Baue von Tieren.

Welche Tiere leben unter der Erde?

Unter der Erde ist im Wald viel los: Das Kaninchen und die Waldmaus bringen ihre Jungen in unterirdischen Höhlen zur Welt. In verlassene Baue von anderen Tieren zieht der Fuchs ein. Der Dachs gräbt einen Bau, in dem er tagsüber schläft. Unter der Erde leben außerdem jede Menge Insekten und Regenwürmer.

Wie sieht der Bau des Fuchses aus?

Ein Fuchsbau hat viele Höhlen und mehrere Ausgänge. In der warmen Bruthöhle kommen die Welpen blind zur Welt. Ihre Augen öffnen sich erst nach zwei Wochen. Den ersten Monat verbringen sie noch im Bau und werden von ihrer Mutter gesäugt.

Junge Füchse vor ihrem Bau

Leben unter der Erde

Na so was!

Der Regenwurm durchmischt mit seinen Bewegungen die Erde und belüftet sie mit seinen Gängen. Pflanzen wachsen auf so einem Boden besser.

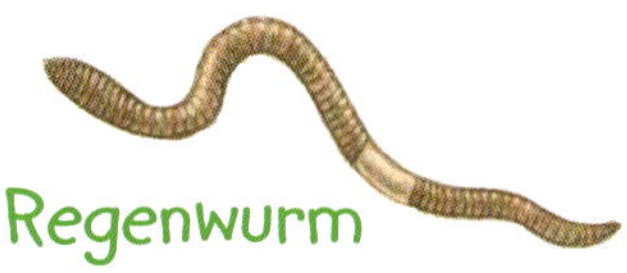

Woher hat der Regenwurm seinen Namen?

Der Regenwurm lebt die meiste Zeit in der Erde. Wenn es regnet, kommt er an die Oberfläche – deshalb nannte man ihn „Regenwurm“. Warum er das tut, ist noch nicht genau geklärt: Vielleicht verliert er durch das Wasser in seinen Gängen die Orientierung oder er kann bei feuchtem Wetter draußen besser Nahrung finden.

Wie wachsen Pilze?

Pilze sprießen vor allem im Herbst aus dem feuchten Waldboden. Was wir von ihnen sehen, ist aber nur der Fruchtkörper. In ihm entstehen die Sporen, mit denen sich der Pilz vermehrt. Der größte Teil des Pilzes ist in der Erde verborgen: Er bildet im Boden ein weit verzweigtes Geflecht und nimmt damit die Nährstoffe von abgestorbenen Gewächsen auf. Weil er seine Nahrung nicht selbst herstellen kann, ist er keine Pflanze.

Diese Pilze findest du im Wald:

Steinpilz: essbar

Pfifferling: essbar

Knollenblätterpilz: tödlich giftig!

Riesenschirmling: essbar

Fliegenpilz: giftig!

Stockschwämmchen: essbar

Auf dem Waldboden

Unter der dicken Laubschicht auf dem Waldboden huschen Mäuse, Eidechsen, Feuersalamander und andere kleine Tiere unsichtbar hindurch. Wenn du die Spuren der Waldtiere kennst, weißt du, wer zuletzt an dieser Stelle war.

Warum sieht man die Tiere so selten?

Viele Tiere tarnen sich, damit ihre Feinde sie nicht entdecken. Sie tragen die Farben ihrer Umgebung und machen sich so „unsichtbar“. Das Fell der Rötelmaus zum Beispiel ist rötlich wie das Laub, durch das sie wuselt. Wir sehen die Waldtiere zwar nicht, aber ihre Spuren zeigen uns, dass sie da waren.

Tierspuren

Unter den Bäumen breitet sich im Wald der Moosteppich aus.

Was wächst auf dem Waldboden?

Unter dem Dach der Bäume wachsen niedrige Pflanzen wie Efeu und Moos. Sie fühlen sich auf dem Waldboden sehr wohl, denn sie haben es gern schattig und feucht. Moose bilden große Polster. Sie saugen das Regenwasser auf und speichern es. Damit dienen sie den großen Bäumen als Wasservorrat.

Bastelidee

Bunte Blätter

Sammle im Herbst ein paar besonders schöne bunte Blätter. Damit kannst du tolle Sachen basteln.
Du brauchst: verschiedene Blätter, Kleber, Zeitungspapier, schwere Bücher, Tonpapier.

1. Zuerst musst du das Laub trocknen und pressen. Lege je eine Lage Blätter zwischen zwei Seiten Zeitungspapier. Beschwere das Ganze mit ein paar großen Büchern. Nach einer Woche sind die Blätter fertig.
2. Suche Blätter in unterschiedlichen Formen aus und lege sie probeweise auf einen Bogen Tonpapier. Du kannst damit zum Beispiel einen Baum oder ein lustiges Gesicht legen.
3. Wenn dir die Anordnung gefällt, klebe die Blätter auf.

Kleine Tiere im Wald

Zu den Bewohnern des Waldes gehören ganz viele kleine Lebewesen. Vor allem in der Laubstreu am Boden wimmelt es nur so davon. Manche von ihnen sind so klein, dass du sie nur mit einer Lupe beobachten kannst.

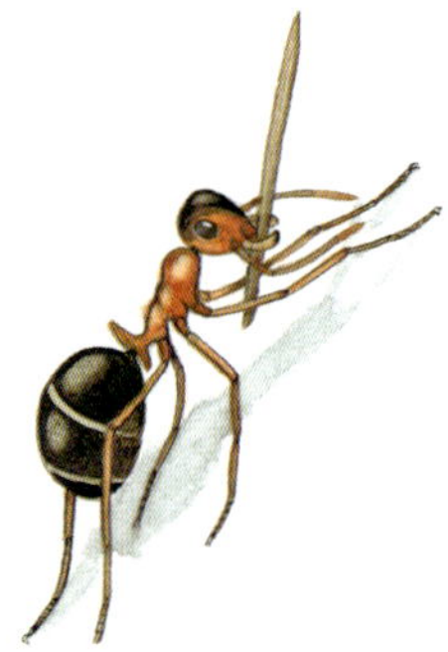

Der Körper der Waldameise ist in der Mitte stark eingeschnürt.

Rote Waldameise

Aussehen: großer Kopf und dicker Hinterleib; Kopf und Brust rotbraun, Hinterleib schwarzbraun
Lebensraum: vor allem in Nadelwäldern, aber auch in Laubwäldern
Nahrung: Insekten und Zuckersaft, den Blattläuse ausscheiden

Wie leben Waldameisen?

Im Wald sieht man oft einen hohen Hügel aus Nadeln, kleinen Zweigen, Moos und Erde. Die Waldameisen wohnen in diesem Bau mit etwa 100 000 Tieren zusammen. Die Königin des Ameisenstaates legt die Eier, aus denen sich neue Ameisen entwickeln. Die Arbeiterinnen versorgen die Königin und die Brut mit Futter. Außerdem bauen sie an dem Nest und schützen es vor Eindringlingen.

Die Gänge des Ameisenbaus reichen tief unter die Erde

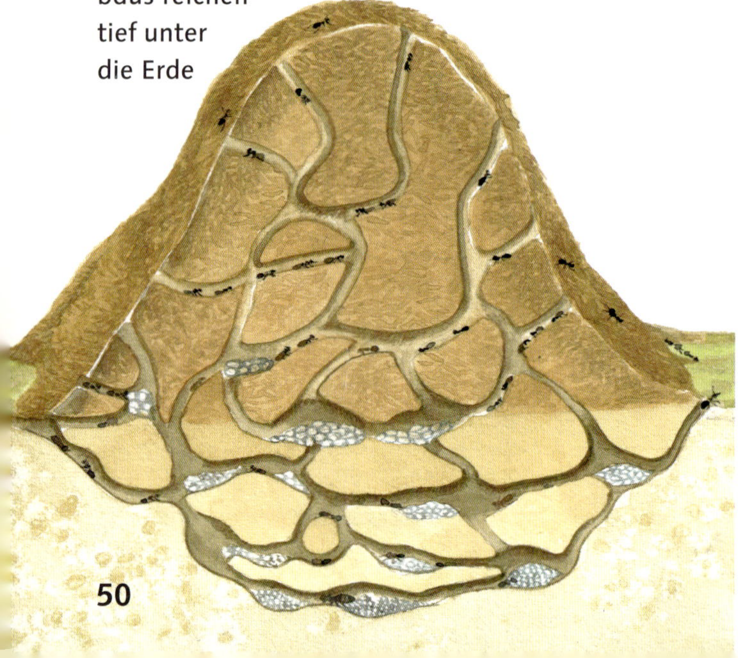

Regenwurm

Aussehen: geringelter Körper mit kleinen Borsten; rotbraun bis braunviolett
Lebensraum: überall in der Erde
Nahrung: faulendes Laub und Pflanzenreste

Regenwürmer können bis zu 30 Zentimeter lang werden.

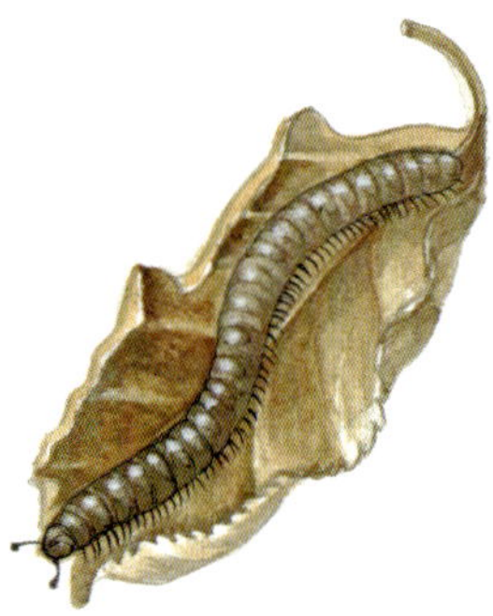

Der Tausendfüßer hat zwar sehr viele Beine. Auf 1000 Beine bringt es aber keine Art.

Tausendfüßer

Aussehen: zwei Fühler; brauner, langer Körper mit vielen Abschnitten, an denen maximal vier Beine sitzen
Lebensraum: überall in feuchtem Boden
Nahrung: abgestorbene Pflanzenteile

Assel
Aussehen: kurzer, graubrauner, gepanzerter Körper mit 14 Beinen
Lebensraum: überall in feuchter Umgebung, im Laub und unter Steinen
Nahrung: faulendes Laub und abgestorbene Pflanzenteile

Die Assel hat zwei Antennenpaare. Das kleinere kannst du nur von unten sehen.

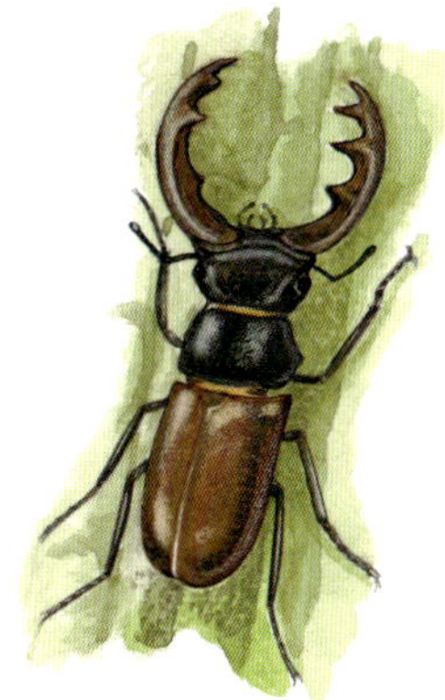

Die „Geweihe“ setzen die Männchen ein, wenn sie miteinander kämpfen.

Hirschkäfer
Aussehen: groß mit schwarzer Brust und dunkelbraunen Deckflügeln; Männchen mit großen Zangen am Kopf
Lebensraum: alte Eichenwälder; heute eher selten
Nahrung: Pflanzensaft, vor allem von Eichen

Gemeiner Totengräber
Aussehen: Kopf und Hals schwarz; Deckflügel orange-schwarz gemustert; Fühler mit Verdickung am Ende
Lebensraum: Wälder, Gärten und Parks
Nahrung: tote Tiere

Der Totengräber heißt so, weil er tote Tiere in der Erde vergräbt.

Hornisse
Aussehen: groß; Kopf, Augen und Brust rotbraun; Hinterleib mit gelb-braunen Streifen; Stachel
Lebensraum: Wälder, Parks und Gärten
Nahrung: Insekten und Fallobst

Hornissen bauen ihr Nest oft in Baumlöchern.

Im Mai und Juni kannst du den dicken Käfer brummen hören.

Maikäfer
Aussehen: Kopf und Brust schwarz; braune Deckflügel; spitzer Hinterleib; Fühler mit kleinen Blättchen am Ende
Lebensraum: vor allem Laubwälder
Nahrung: frische Blätter von Laubbäumen

Die Wegschnecke gehört zu den Nacktschnecken.

Rote Wegschnecke
Aussehen: langer, roter Körper; vorne an der Seite ein Atemloch; vier Fühler
Lebensraum: häufig in Wäldern, Wiesen, Feldern und Mooren
Nahrung: vor allem Pflanzen, auch tote Tiere

Im Gebüsch

Neben den hohen Bäumen gibt es im Wald auch niedrige Kräuter und Farne und etwas höhere Sträucher und junge Bäume. Zwischen ihnen finden Rehe und Wildschweine Schutz. Doch sie sind nicht nur zum Verstecken gut, sondern liefern auch Nahrung.

Buschwindröschen blühen schon im März, wenn die Bäume noch kahl sind

Was sind Frühblüher?

Manche Waldblumen wie das Buschwindröschen blühen sehr früh im Jahr. Solange die Laubbäume noch keine Blätter haben, kommt viel Sonne zu ihnen durch, und sie treiben rasch aus. Sobald die Blätter da sind, wird es am Waldboden schattig, und die Blüten verschwinden wieder.

Wie vermehren sich Farne?

Farne wachsen auf schattigem und feuchtem Boden. Sie bilden keine Blüten, sondern pflanzen sich über Sporen fort. Das sind winzige Körnchen, die in Kapseln an der Unterseite der Blätter sitzen. Sie fallen auf die Erde und bilden Keime. Die Keime entwickeln dann Eizellen und Samenzellen. Die Samenzellen befruchten die Eizellen und aus der Eizelle entsteht eine neue Farnpflanze.

Spielidee

Wie fühlt sich der Wald an?

Dieses Spiel ist für mindestens zwei Spieler gedacht. Jeder oder jede nimmt einen Rucksack und sammelt Dinge, die man im Wald findet: Tannenzapfen, Moos, Rinde, Steinchen, leere Schneckengehäuse, Federn .... Alles kommt in den Rucksack.

Dann hält einer dem anderen seinen Rucksack hin. Dieser steckt mit geschlossenen Augen die Hand hinein und fühlt, was er in der Hand hat. Hat er einen Tipp abgegeben, darf er den Gegenstand herausnehmen. Wenn er richtig geraten hat, gibt es einen Punkt. Dann ist der andere mit Fühlen und Raten dran. Wer hat am Schluss die meisten Punkte?

Laubbäume

Das „Obergeschoss" eines Waldes sind die Bäume mit ihren hohen Kronen. Laubbäume haben breite, flache Blätter, die sie im Herbst verlieren. Sie sind dann ganz kahl.

Wie wächst ein Baum?

Bäume entwickeln im Herbst Früchte mit Samen. Bei der Eiche zum Beispiel sind das die Eicheln. Die Eichel fällt zu Boden und beginnt im Frühjahr zu keimen. Dann treibt der Keimling eine Wurzel in die Erde. Über sie nimmt er Wasser und Nährstoffe auf und wächst allmählich zu einem kleinen Baum heran. Bis aus der gekeimten Eichel ein mächtiger Baum wird, dauert es viele Menschenleben.

Keimling mit Wurzel

Kleiner Baum nach etwa 5 Jahren

Großer Baum nach etwa 100 Jahren

Eine Eiche kann über 1000 Jahre alt werden. Wildtiere lieben ihre Früchte.

Eiche

Aussehen: dicker Stamm und breite Krone; Blätter mit tiefen Einbuchtungen
Rinde: grob, rissig
Früchte: grüne bis hellbraune Eicheln in einem Fruchtbecher

Wenn die Buche mit vielen anderen Bäumen zusammensteht, wächst ihre Krone viel schmaler.

Buche

Aussehen: gerader Stamm und hohe, breite Krone; eiförmige, gewellte Blätter
Rinde: grau, glatt
Früchte: braune Bucheckern, je zwei in einem Fruchtbecher

Im Herbst leuchten Ahornblätter in herrlichen Farben.

Spitzahorn

Aussehen: gerader Stamm und kugelige Krone; Blätter mit fünf bis sieben spitzen Lappen
Rinde: dunkelgrau, schuppig
Früchte: Früchte mit zwei Flügeln, in denen flache Nüsschen sitzen

Die Blüten der Linde duften nach Honig und locken Bienen an.

Linde

Aussehen: gerader Stamm und rundliche Krone; herzförmige Blätter
Rinde: dunkelgrau, rissig
Früchte: kleine, harte Nüsschen mit Flügeln

Die Früchte der Schwarzerle bleiben meist den Winter über am Baum hängen.

Schwarzerle

Aussehen: langer, gerader Stamm und schlanke Krone; rundliche Blätter ohne Spitze
Rinde: grauschwarz, schuppig
Früchte: kleine, verholzte Zapfen

Die Birke erkennst du leicht an der weißen Rinde, die in Streifen abblättert.

Birke

Aussehen: langer, schlanker Stamm mit dünnen, hängenden Ästen; dreieckige Blätter
Rinde: weiß, glatt
Früchte: Zapfen, in denen kleine Nüsschen mit Flügeln reifen.

Nadelbäume

Nadelbäume tragen Blätter, die aussehen wie Nadeln. Anders als die Laubbäume werfen die meisten im Herbst ihre Blätter nicht ab. Man sagt deshalb, diese Nadelbäume sind immergrün. Die Samen der Nadelbäume sitzen in den Zapfen.

Wie alt wird ein Baum?

Manche Bäume werden mehrere Hundert Jahre alt und Jahr für Jahr wird ihr Stamm dicker. Jedes Jahr bildet der Baum unter der Rinde eine neue Holzschicht mit Gefäßen, die Nährstoffe in die Blätter transportieren. So entsteht nach und nach ein weiterer Ring. Manche Ringe sind dicker als andere – je nachdem, ob es ein gutes oder schlechtes Jahr für den Baum war.

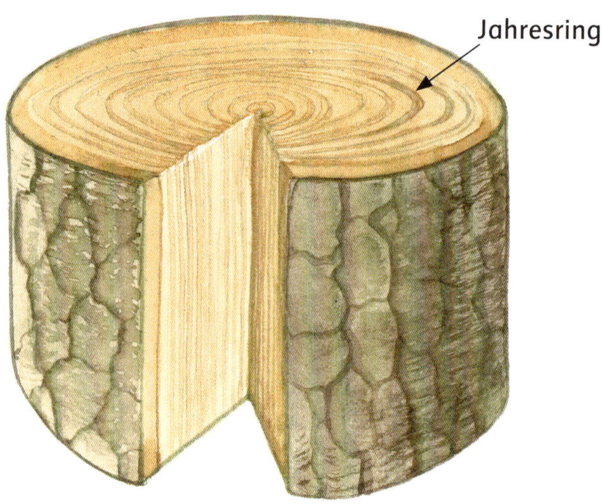

An den Jahresringen kannst du abzählen, wie alt ein Baum ist. Bei Nadelbäumen erkennt man die Ringe besonders gut.

Die Zapfen der Tanne zerfallen nach der Reife. Deshalb findest du am Boden keine ganzen Tannenzapfen.

Weißtanne

Aussehen: nach oben spitz zulaufend; kurze, flache Nadeln; immergrün
Rinde: silbergrau, rissig
Früchte: hellbraune, aufrechte Zapfen in der Baumspitze

Die Zapfen der Kiefer sitzen in Gruppen an den Zweigen.

Waldkiefer (Föhre)

Aussehen: hoher, nackter Stamm; Krone in der Form eines Schirms; steife, spitze Nadeln; immergrün
Rinde: rötlich, mit rissigen Schuppen
Früchte: eiförmige Zapfen

Die Fichte ist der häufigste Nadelbaum unserer Wälder und kommt als Christbaum auch ins Haus.

Blätter und Früchte der Eibe sind stark giftig!

Fichte
Aussehen: hoch, spitz zulaufend; kurze, spitze Nadeln; immergrün
Rinde: rotbraun, schuppig
Früchte: lange, hängende Zapfen

Eibe
Aussehen: unterschiedliche Form, oft mit mehreren Stämmen; flache, weiche Nadeln
Rinde: rötlich braungrau, schuppig
Früchte: beerenartiger, roter Samenmantel

Die Lärche wirft als einziger unserer Nadelbäume im Herbst ihre Nadeln ab.

Lärche
Aussehen: spitz zulaufend mit dünnen, hängenden Zweigen; kurze, weiche Nadeln in Büscheln
Rinde: dick, graubraun, schuppig
Früchte: kleine, aufrechte, eiförmige Zapfen

Die Vögel des Waldes

In den Wipfeln der Waldbäume leben viele Vögel. Die meisten von ihnen kannst du tagsüber singen hören, manche gehen erst nachts auf Beutefang. Im Wald finden die Vögel reichlich Futter und geschützte Nistplätze.

Waldkauz

Aussehen: großer, runder Kopf ohne Federohren; braun gefleckt; dunkle Augen
Nistplatz: Baum- und Felshöhle oder verlassene Nester
Ruf: „Huuh-hu-huuuu" und „Kuwitt-kuwitt"
Dauergast

Der Waldkauz jagt erst in der Dämmerung.

Wie baut der Specht sein Nest?

Der Specht hämmert mit dem Schnabel so lange gegen einen Baumstamm (1) bis ein großes Loch entsteht (2). Wenn das Loch groß genug ist, klettert er hinein und höhlt es von innen weiter aus (3). Das Weibchen legt dann seine Eier direkt auf den Boden und brütet sie in der Höhle aus (4).

Kuckuck

Aussehen: blaugrau, Unterseite heller mit dunklen Bändern; langer, dunkler Schwanz
Nistplatz: fremde Nester
Ruf: „Kuckuck"
Zugvogel

Der Kuckuck läßt seine Eier von fremden Vögeln ausbrüten.

Buchfink

Aussehen: Männchen rotbraun; Oberkopf und Nacken graublau; Weibchen grünlich braun
Nistplatz: in Astgabeln
Ruf: „Pink" und „Hüid"
teils Dauergast, teils Zugvogel

Mit seinem kräftigen Schnabel knackt er Samen.

Uhu

Aussehen: gelbbraun; Federohren; orangerote Augen
Nistplatz: Felsnischen, hohle Bäume oder verlassene Nester
Ruf: „U-huh"
Dauergast

Der Uhu ist die größte Eulenart.

Waldohreule

Aussehen: kleiner und schlanker als Uhu; Federohren
Nistplatz: verlassene Nester
Ruf: „Huhuh"
Dauergast

Tagsüber ruht sich die Waldohreule auf einem Ast aus.

Buntspecht

Aussehen: schwarzer Rücken mit weißen Flecken; Unterschwanz kräftig rot; Männchen mit rotem Nacken
Nistplatz: selbst gezimmerte Baumhöhlen
Ruf: lautes „Kix"
Dauergast

Der Buntspecht kann an Bäumen hochlaufen.

Eichelhäher

Aussehen: rötlich braun; Flügel schwarz-weiß mit blauem Feld; Federhaube
Nistplatz: in Astgabeln
Ruf: heiser, rätschend
teils Dauergast, teils Zugvogel

Für den Winter versteckt der Vogel Eicheln im Boden.

Zilpzalp

Aussehen: grünlich bis braungraue Oberseite, Unterseite weißlich
Nistplatz: in dichtem Gebüsch am Boden
Ruf: „Zilp-zalp-zalp-zilp-zilp"
Zugvogel

Der Zilpzalp versteckt sich gern im Unterholz.

Kleiber

Aussehen: Oberseite graublau, Unterseite rostrot; helle Kehle; kurzer Schwanz
Nistplatz: alte Spechthöhlen oder Nisthöhlen
Ruf: laute Pfiffe und trällernde Gesänge
Dauergast

Mit dem Kopf voraus klettert er Bäume hinunter.

Der Wald im Winter

Für viele Tiere und Pflanzen gibt es im Winter kaum noch Nahrung. Deshalb bereiten sich die Bewohner des Waldes schon im Herbst auf die dürren Monate vor. Nur so können sie den kalten Winter überleben.

Warum halten manche Tiere Winterschlaf?

Siebenschläfer, Haselmaus und Igel schlafen den ganzen Winter. Wenn es kalt wird, verkriechen sie sich in eine warme Erdhöhle oder einen hohlen Baum. Zuvor haben sie sich ein richtiges Fettpolster angefressen, von dem sie nun zehren. Im Schlaf verbrauchen sie weniger Energie und können so den Winter ohne Nahrung überstehen.

Was machen die Bäume im Winter?

Im Herbst ziehen die Bäume die Nährstoffe aus den Blättern in den Stamm und die Blätter fallen ab. Da sie Wasser enthalten, könnten sie bei den kalten Temperaturen gefrieren und dadurch die Zweige schädigen. Der Baum bewahrt die Nährstoffe für den Austrieb im Frühjahr auf. Die Rinde hält den Stamm des Baumes wie eine Jacke warm.

Die Laubbäume haben ihre Blätter abgeworfen. Die Rehe knabbern jetzt an ihrer Rinde.

Störe den Igel nicht bei seinem Winterschlaf, sonst verbraucht er unnötig Energie.

Das Eichhörnchen frisst die Nüsse, die es im Herbst vergraben hat.

Na so was! Im Herbst vergräbt das Eichhörnchen einen Vorrat an Nüssen, Eicheln und anderen Früchten. Aus den Eicheln, die es nicht mehr findet, wächst ein neuer Baum.

Tierspuren im Schnee:

Wenn die Tiere im Winterwald nicht mehr genug zu fressen finden, müssen sie anderswo suchen. Dann kommen sie manchmal auch in Städte und Dörfer.

Der Kreislauf des Waldes

Jedes Lebewesen im Wald hat seine Aufgabe. Jedes nützt den anderen und ist wiederum auf sie angewiesen. Zusammen sorgt die große Gemeinschaft des Waldes dafür, dass ihr Lebensraum gesund bleibt.

Von heruntergefallenen Blättern und abgestorbenen Bäumen ernähren sich Würmer, Käfer und Asseln. Sie zernagen, fressen und verdauen die Pflanzenteile. Dann scheiden sie sie mit ihrem Kot aus. Der zerfällt zu fruchtbarer Erde, auf der neue Pflanzen gedeihen.

Die kleinen Lebewesen des Waldbodens fressen auch tote Tiere.

Wenn wir Menschen mit Fabriken oder Autos zu viele Abgase erzeugen, verschmutzen diese die Luft und die Bäume sterben.

Wozu brauchen wir Wälder?

Die Blätter der Bäume bilden frischen Sauerstoff und liefern uns damit saubere Luft zum Atmen. Der Waldboden mit seinen Baumwurzeln und Moosteppichen reinigt das Regenwasser von Schmutz. Dieses saubere Grundwasser können wir nutzen. Baumstämme liefern Holz, das wir zum Bauen brauchen. Außerdem können wir uns im Wald gut erholen.

Quiz

Welche Tiere des Waldbodens fressen tote Pflanzen?

Lösung: Würmer, Käfer und Asseln

Experiment

Kleinen Krabbeltieren auf der Spur

Willst du die Tierchen beobachten, die die Laubschicht des Waldbodens zersetzen?

Dann befülle ein Gefäß mit feuchtem Laubhumus. Klebe mit Klebeband schwarzes Papier darum und hänge einen Trichter in das Gefäß. Fülle Laub und Erde in den Trichter und stelle dann das Ganze dicht unter eine helle Lampe.

Nach ein paar Stunden nimmst du das schwarze Papier ab. Unten im Glas siehst du allerlei Krabbeltiere. Die Tiere, die in der Laubschicht wohnen, scheuen Licht und Wärme, deshalb krabbeln sie nach unten ins Dunkle und fallen schließlich durch das Trichterloch. Mit der Lupe kannst du sie betrachten. Trage sie danach wieder zurück in die Natur.

Mach mit!

▶ Einige der Tiere hier leben im „Keller" des Waldes.
Welche gehören nicht hierher?

▶ Welche Spur hat welches Tier hinterlassen?

▶ Welche Bäume sind Laubbäume? Weißt du, wie sie heißen?

Flüsse, Bäche und Seen

Tiere und Pflanzen an Seen

Am Seeufer wimmelt es im Frühjahr von frisch geschlüpften Libellen und anderen Insekten. Im hohen Schilf brüten Wasservögel und Zugvögel. Mit einem Fernglas kannst du sie beobachten und störst ihren Lebensraum nicht.

So wächst ein Schwan auf

Was ist das Schilf?

Das Schilf oder Röhricht entsteht aus den Pflanzen, die am Übergang vom Land zum Wasser wachsen. Hohe Gräser wie Schilfrohr, Binse und Rohrkolben bilden ein undurchdringliches Dickicht. Die Wasservögel finden zwischen den Halmen ein sicheres Versteck und einen ruhigen Platz für ihre Nester.

Sind alle Schwäne weiß?

Wenn ein Schwanenküken auf die Welt kommt, hat es flauschige, graubraune Daunen und einen grauen Schnabel. Bald wachsen ihm hellbraune Federn. Später kommen die weißen Federn und der Schnabel färbt sich orangerot. Aus dem „hässlichen Entlein“ wird allmählich ein stolzer, weißer Schwan.

Insekten und Spinnen am Wasser

Die Flügel sind von schwarzen Adern durchzogen.

Frühe Adonislibelle

Aussehen: leuchtend roter Körper mit schwarzen Ringen
Ernährung: Insekten
Besonderheit: Larven schlüpfen schon sehr früh im Jahr

Die Antennen sind fast so lang wie der Körper.

Köcherfliege

Aussehen: vier behaarte bräunliche Flügel; lange Fühler
Ernährung: Nektar und Pflanzensäfte
Besonderheit: Larve baut sich ein köcherförmiges Gehäuse

Blaugrüne Mosaikjungfer

Aussehen: grüne Flecken auf dem Hinterleib; bei Männchen grüngelbe Flecken auf der Brust und blaue Flecken auf dem Hinterleib
Ernährung: Insekten
Besonderheit: jagt und frisst im Flug

Die Mosaikjungfer ist unsere größte Libelle.

Eintagsfliege

Aussehen: schlanker Körper mit zwei bis drei langen Schwanzborsten; vier durchsichtige Flügel
Ernährung: frisst ausgewachsen nichts mehr
Besonderheit: lebt höchstens ein paar Tage

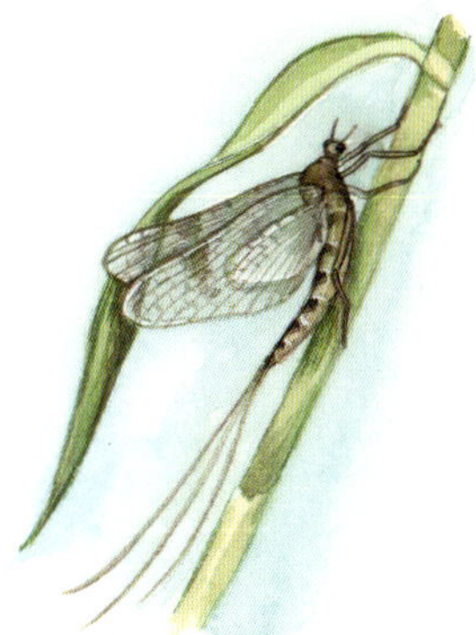

Die Augen der Eintagsfliege stehen weit hervor.

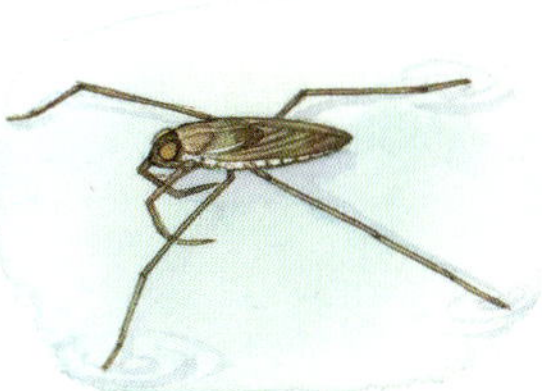

Mit seinen langen Hinterbeinen treibt sich der Wasserläufer voran.

Wasserläufer

Aussehen: graubrauner, länglicher Körper; zwei kurze Vorderbeine, vier lange Hinterbeine
Ernährung: Insekten
Besonderheit: ist so leicht, dass ihn die Oberfläche des Wassers trägt

Die Wasserspinne ist vom Aussterben bedroht.

Wasserspinne

Aussehen: graubrauner Körper; acht Beine
Ernährung: kleine Wassertiere
Besonderheit: streckt zum Luftholen ihren Hinterleib aus dem Wasser und fängt eine Luftblase auf

Tiere und Pflanzen in Seen

Viele Tiere finden in Seen die passende Nahrung und ihre Körper sind bestens gerüstet, um sich unter Wasser fortzubewegen. Auch einige Pflanzen fühlen sich im kühlen Nass pudelwohl.

Wie schwimmen Fische?

Um im Wasser vorwärts zu kommen, macht der Fisch schlängelnde Bewegungen. Mit den Muskeln an seiner Seite zieht er den Schwanz und die Schwanzflosse zuerst in eine Richtung, dann in die andere. Damit drückt er sich wie ein Paddel vom Wasser weg und wird nach vorn geschoben.

Wie atmen Fische unter Wasser?

Auch Fische brauchen Sauerstoff zum Leben. Sie holen ihn sich aber nicht wie die Tiere an Land aus der Luft, sondern aus dem Wasser. Dazu haben sie Kiemen, die seitlich hinter dem Kopf sitzen. Der Fisch lässt Wasser in sein Maul strömen. Die feinen Kiemenblättchen nehmen den Sauerstoff auf und geben ihn in das Blut ab. Das verbrauchte Wasser fließt durch Öffnungen wieder ab.

Warum geht die Seerose nicht unter?

Die Seerose hat lange Stängel und ist am Seegrund oder Teichboden verwurzelt. Auf dem Wasser schwimmen die großen, herzförmigen Blätter mit den schönen Blüten. In den grünen Blättern sitzen kleine Luftkammern. Wie ein Schwimmflügel halten sie die Blätter über Wasser.

Na so was! Die Blätter der Seerose sind von einer Wachsschicht bedeckt, von der Wassertropfen abperlen. Die Menschen haben sich dies abgeschaut und ein ähnliches Wachs für Autos entwickelt.

Spielidee

Wie ein Fisch im Wasser

Träumst du manchmal davon, leicht wie ein Fisch durchs Wasser gleiten zu können? Dann komm mit auf eine Fantasiereise! Mach es dir bequem und schließe deine Augen.

Stell dir vor, du bist ein kleiner Fisch. Ein schöner See ist dein Zuhause. Spürst du, wie die Sonne das Wasser erwärmt hat und wie es sanft an deinem Körper vorbeistreicht? Es fließt in dein Maul und durch deine Kiemen wieder hinaus. Du schlängelst dich durch die Stiele von unzähligen Seerosen. Neben dir treibt ein Käfer und dort steckt eine Ente ihren Kopf unter Wasser. Ganz still und friedlich ist diese Welt. Und wenn du genug gesehen hast, nimm Abschied von deinem See und öffne die Augen.

Lebensraum Teich

Ein Teich ist ein flaches Gewässer, das von Menschen angelegt wurde.
Im Vergleich zu einem See ist ein Teich winzig klein. Trotzdem sind unzählige Tiere und Pflanzen darin zu Hause. Hier gibt es ganz viel aus nächster Nähe zu entdecken.

Quiz

Wie heißt der Frosch, wenn er aus dem Ei geschlüpft ist?

Lösung: Kaulquappe

Was sind Amphibien?

Manche Tiere verbringen die erste Zeit ihres Lebens im Wasser. Wenn sie ausgewachsen sind, klettern sie an Land. Man nennt die Tiere, die im Wasser und an Land leben, Lurche oder Amphibien. Sie leben immer in der Nähe von Wasser, denn ihre Haut muss feucht bleiben. Im Frühjahr kehren sie an ihren Heimatteich zurück, paaren sich und legen im Wasser ihre Eier ab.

Wie wird aus einem Ei ein Frosch?

Das Froschweibchen legt seine Eier (Laich) im Wasser ab. Nach ein paar Tagen schlüpft aus jedem Ei eine Kaulquappe. Sie hat einen Schwanz, mit dem sie schwimmt, und atmet wie ein Fisch durch Kiemen. Nach zwei Monaten im Wasser wachsen ihr Beine und eine Lunge. Der Schwanz und die Kiemen bilden sich zurück. Jetzt ist aus der Kaulquappe ein kleiner Frosch geworden, der mit seinen Lungen atmet. Höchste Zeit für ihn, an Land zu hüpfen!

Warum haben Libellen so große Augen?

Ein Auge der Libelle setzt sich aus sehr vielen, kleinen Einzelaugen zusammen. Die Libelle kann damit gleichzeitig in fast alle Richtungen sehen. Diesen scharfen Superaugen entgeht nicht die kleinste Bewegung. Auf der Jagd fliegt die Libelle um einen See. Mit ihren guten Augen kann sie selbst die umherflitzenden Insekten erspähen.

Bis zu 30 000 winzige Einzelaugen sind bei der Libelle zu einem großen Auge zusammengesetzt.

An Bächen und Flüssen

Viele Tiere und Pflanzen finden an Bächen und Flüssen ihren Lebensraum. Der Biber kann hier seine Wohnburgen und Staudämme bauen, zahlreiche Vogelarten nisten an den Uferböschungen und Insekten legen in der Nähe des Wassers ihre Eier ab.

Woher kommt ein Fluss?

Wenn es regnet, fällt Wasser auf die Erde und auch auf die Berge. Es sickert durch das Gestein hindurch und sammelt sich. Aus einer Quelle hoch oben im Gebirge entspringt ein kleiner Bach. In den Tälern vereinigt er sich mit anderen Flüssen und mündet schließlich als breiter Strom in einem See oder im Meer. Manche Bäche entstehen auch aus Seen und fließen von dort weiter.

So entsteht ein Fluss

Wo legt die Ente ihre Eier?

Im Frühjahr baut die Ente ihr großes Nest aus Halmen, meist an der Uferböschung auf dem Boden. Da ist es inmitten der Pflanzen gut versteckt. Innen polstert sie es mit weichen Daunen aus. Dann legt sie pro Tag ein Ei. Das Weibchen brütet die sieben bis elf Eier aus und nach vier Wochen schlüpfen die flauschigen Küken. Die schwarz-gelben Entenbabys können sofort schwimmen.

Enteneier

Na so was!

An ihrem Schwanz haben Enten eine Drüse, aus der Öl kommt. Dies streichen sie mit dem Schnabel auf ihre Federn. Das Öl bewirkt, dass das Wasser abperlt und die Federn trocken bleiben.

Bastelidee

Ahoi!

Bastle dir ein kleines Floß. Vielleicht erreicht es ja das Meer.

Du brauchst: mehrere Äste oder Holzstücke (etwa gleich lang), einen dünnen Ast, eine Schnur, ein großes Baumblatt

1. Lege alle Äste bis auf zwei nebeneinander und lege die anderen beiden quer darüber. Binde die querliegenden Äste einzeln mit den längsliegenden zusammen. Lass dir dabei am besten von einem Erwachsenen helfen.
2. Zum Schluss gut festziehen und die Enden verknoten. Stecke den dünneren Ast in eine Ritze in der Mitte. Das ist der Mast. Spieße das Blatt auf den Mast auf. Das ist das Segel.

Gute Reise!

In Bächen und Flüssen

In einem See oder Teich bewegt sich das Wasser gar nicht oder nur wenig. Bäche und Flüsse dagegen strömen flussabwärts. Mit verschiedenen Tricks schaffen Tiere und Pflanzen es, nicht von der Strömung mitgerissen zu werden.

Mit den großen Scheren kann der Flusskrebs seine Beute packen.

Wo legen Fische ihre Eier ab?

Fische entwickeln sich aus Eiern, die die Weibchen ins Wasser ablegen. Manche kleben ihre Eier an Pflanzen fest, damit sie nicht fortgerissen werden. Andere, wie die Forelle, graben eine Mulde in den Flussboden und legen ihre Eier hinein. Nach der Ablage werden die Eier vom Männchen befruchtet. Aus den Eiern schlüpfen später die Jungen.

Wie leben Flusskrebse?

Flusskrebse verstecken sich am Tag unter Steinen oder zwischen Baumwurzeln. Wenn die Dämmerung hereinbricht, suchen sie den Flussgrund nach Würmern, Schnecken, Muscheln und Insekten ab. Flusskrebse leben nur in sauberen Gewässern. Weil die Bäche und Flüsse immer schmutziger werden, gibt es heute viel weniger Flusskrebse als früher.

Wie baut der Biber seine Burg?

Für seine große Wohnburg braucht der Biber viel Holz. Er nagt mit seinen kräftigen Zähnen Zweige ab und fällt sogar kleine Bäume. Er zerlegt die Bäume in Stücke und schafft das ganze Holz schwimmend zu seiner Baustelle im Wasser. Dort türmt er es auf einer festen Unterlage aus Steinen und Schlamm übereinander. So entsteht ein geräumiger Bau, in dem die ganze Biberfamilie gut vor Feinden geschützt ist.

Ein Damm aus Ästen staut das Wasser vor dem Eingang auf, sodass er immer unter Wasser liegt.

Im Moor

Im feuchten Gelände des Moors können nur besonders angepasste Tiere und Pflanzen leben. Der Moorfrosch und die Kreuzotter fühlen sich hier wohl. Am Boden verstecken Birkhühner und Große Brachvögel ihre Nester.

Welche Pflanzen wachsen im Hochmoor?

Moorboden ist sehr feucht und enthält kaum Nährstoffe. Damit kommen nur wenige Pflanzen zurecht. Den Boden bedecken Moose, Gräser und der rote Sonnentau. Wo das Moor etwas trockener ist, gedeihen Moosbeere und Besenheide. Weil Bäume viele Nährstoffe brauchen, wachsen sie nicht im Moor, sondern nur am Rand.

Wie ist das Moor entstanden?

Die meisten Moore sind vor vielen Tausend Jahren aus flachen Seen oder Teichen entstanden. Mit der Zeit drangen immer mehr Pflanzen von den Ufern in den See (1). Die abgestorbenen Pflanzen konnten unter Wasser nicht vollständig zersetzt werden und ihre Reste verwandelten sich allmählich in feuchten Torf (2). Schließlich verschwand der See ganz und ein Moor entstand (3). Weitere Pflanzenreste lassen das Niedermoor Schicht um Schicht zu einem Hochmoor wachsen.

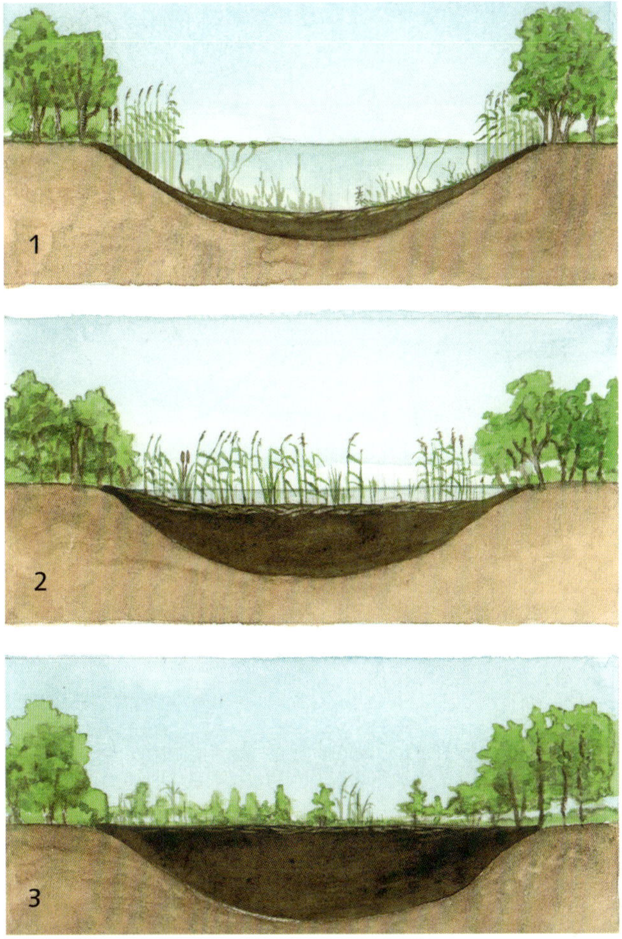

Die Moore werden trockengelegt und dann wird der Torf in großen Mengen mit Maschinen abgebaut.

Warum sind Moore in Gefahr?

Früher gab es viel mehr Moore als heute. Viele Moore sind verschwunden, weil die Menschen sie trockengelegt haben, um Ackerland zu gewinnen. Den wertvollen Torf haben sie mit Spaten abgestochen. Wenn er getrocknet war, haben sie damit Häuser beheizt. Heute wird Torf als Gartendünger verkauft. Wir müssen die wenigen Moore und den Lebensraum der Tiere und Pflanzen unbedingt schützen.

Es gibt auch Blumenerde ohne Torf! Damit wachsen die Blumen im Garten genauso gut und die Moore müssen dafür nicht zerstört werden.

Mach mit!

▶ Wie entsteht ein Frosch? Erzähle in der richtigen Reihenfolge!

▶ Welche Tierkinder gehören zu welchem Tier?

▶ Schau genau: Welche Tiere gehören nicht hierher?

Meere und Küsten

Das Meer

Der größte Teil unserer Erde ist mit Wasser bedeckt. Dadurch sieht die Erde aus dem Weltraum betrachtet blau aus – und wird deshalb auch der „Blaue Planet" genannt. Auf der Erde gibt es drei große Ozeane: den Pazifik, den Atlantik und den Indischen Ozean.

Mount Everest Marianengraben

Wie tief sind die Meere?

An den Küsten ist das Meer ganz flach. Doch weiter draußen wird das Meer richtig tief. Die tiefste Stelle im Meer liegt im Pazifik. Diese Schlucht, der Marianengraben, ist noch tiefer als der höchste Berg der Erde hoch ist! Der höchste Berg ist der Mount Everest.

Außer den großen Ozeanen gibt es auf der Erde einige kleinere Nebenmeere wie Nordsee, Ostsee und das Mittelmeer. Weißt du, wo sie liegen?

Ebbe

Flut

Was sind Ebbe und Flut?

Zweimal am Tag steigt das Meer an und drängt zur Küste hin. Sechs Stunden später sinkt es wieder. Wenn das Wasser steigt, ist Flut. Wenn es sich zurückzieht, ist Ebbe. Dieser Wechsel der Gezeiten wird durch den Mond ausgelöst. Der Mond kreist um die Erde und zieht das Wasser auf ihr an. An dem Teil der Erde, über dem der Mond gerade steht, bildet sich ein Wasserberg, ebenso auf der gegenüberliegenden Seite. Dort ist dann Flut, an den anderen beiden Enden der Erde ist dann Ebbe.

Wie entstehen Wellen?

Bei Windstille ist die Meeresoberfläche ganz glatt. Wenn Wind darüber streicht, bewegt er das Wasser und es kräuselt sich. Je stärker er bläst, desto höher türmen sich die Wellen auf. Bei einem starken Sturm über dem Meer können sie so hoch sein wie ein mehrstöckiges Haus. Manche Wellen werden auch durch ein Erdbeben oder einen Vulkanausbruch am Meeresgrund angestoßen.

Quiz

Wie heißen die drei großen Ozeane?

Lösung: Pazifik, Atlantik und Indischer Ozean

Tiere und Pflanzen im Meer

Das Meer ist der größte Lebensraum unserer Erde. Die meisten Tiere leben in der obersten Schicht, wo die Sonne noch hinkommt. Unterhalb von 1000 Metern ist es dunkel und kalt.

Na so was!

Das Seepferdchen ist ein Fisch, auch wenn es gar nicht so aussieht. Mit seinem Greifschwanz kann es sich an Pflanzen festhalten.

Gibt es im Meer Pflanzen?

Pflanzen brauchen Licht, um zu leben. Deshalb gedeihen sie im Meer nur im flachen Küstenwasser. Hier dringen genügend Sonnenstrahlen zu ihnen durch. Algen sind einfache Pflanzen ohne Blätter, Blüten und Wurzeln. Ihre Nahrung holen sie aus dem Wasser. Das Seegras ist eine Blütenpflanze mit Wurzeln. Trotzdem hat es sich an das Leben unter Wasser gewöhnt.

Fische schwimmen gern dicht zusammen. Im Schwarm schützen sie sich gegenseitig vor größeren Räubern.

Was ist die Tiefsee?

Unter 1000 Metern Tiefe beginnt die Tiefsee. Hier herrschen eisige Temperaturen und völlige Dunkelheit. Die Tiefsee birgt noch viele Geheimnisse und ist noch lange nicht erforscht.

Direkt unter der Wasseroberfläche ist es noch hell.

In etwa 200 Metern Tiefe ist es schon dämmrig.

In der Tiefsee ist es immer nachtdunkel.

Im Meer

All die großen und kleinen Geschöpfe des Meeres müssen genügend fressen, um zu überleben. Deshalb durchpflügen sie ständig den weiten Ozean auf der Suche nach Nahrung. Zum Glück ist das Meer eine reiche Futterquelle.

Was ist Plankton?

Im Wasser treiben unzählige winzig kleine Pflanzen und Tiere. Sie sind so klein, dass wir sie mit bloßem Auge gar nicht sehen. Das sind zum Beispiel manche Algenarten, die Larven von Fischen und junge Krebse. Man nennt diese winzigen Tiere und Pflanzen Plankton. Vom Plankton ernähren sich viele Meerestiere.

Die Nahrungskette

Quiz

Sind Wale Fische oder Säugetiere?

Lösung: Säugetiere

Was ist die Nahrungskette?

Das Plankton im Ozean wird von ganz kleinen Fischen bis hin zu großen Walen gefressen. Kleine Fische werden von größeren Fischen gefressen und die wiederum von ganz großen Meerestieren. So hat jeder Meeresbewohner seinen Platz in der Nahrungskette.

Nach der Paarung wächst das Walbaby im Bauch der Mutter heran. Gleich nach der Geburt muss es zum Atmen an die Oberfläche.

Warum sind Wale keine Fische?

Wale sind Säugetiere. Sie leben zwar wie die Fische im Wasser, doch sie atmen nicht durch Kiemen, sondern durch Lungen. Deshalb müssen sie zum Luftholen regelmäßig auftauchen. Wie andere Säugetiere bringen Wale ihre Jungen lebend zur Welt. Das Kalb trinkt bei seiner Mutter nahrhafte Milch.

Eine dicke Speckschicht unter der Haut schützt Robben vor der Kälte.

Wie leben Robben?

Die meisten Robben leben gesellig in großen Gruppen. Sie schwimmen und tauchen für ihr Leben gern und jagen dabei Krebse, Fische und Tintenfische. Manchmal liegen sie aber auch auf einer Sandbank und wärmen sich in der Sonne auf. Sie kommen auch an Land, um sich zu paaren und ihre Jungen zur Welt zu bringen.

Tiere im Watt

Die Küste der Nordsee ist eine einzigartige Landschaft und steht unter Naturschutz. Bei Ebbe kommt der feuchte und matschige Boden des Wattenmeers zum Vorschein.

Wer lebt im Watt?

Der Wattboden wird zweimal am Tag von der Flut überspült und dann bei Ebbe wieder freigelegt. Wattwürmer, Muscheln, Schlickkrebse und Wattschnecken können sich an diesen Wechsel anpassen.
Sie graben sich bei Ebbe in den feuchten Schlamm ein. Darin sind sie bis zur nächsten Flut gut aufgehoben. Vögel ernähren sich von diesen kleinen Bewohnern des Watts.

Welche Vögel brüten am Boden?

In den Dünen und salzigen Wiesen am Rand des Watts brüten Silbermöwen, Küstenseeschwalben und Austernfischer. Die meisten Vögel bauen gar kein Nest, sondern scharren einfach eine flache Mulde in den Boden. Dort legen sie ihre Eier hinein. Die Eier sehen ganz ähnlich aus wie der Boden. So werden sie nicht so leicht von Räubern entdeckt.

Haben Muscheln Füße?

Muscheln sind Weichtiere, die in einer Schale leben. Die meisten graben sich mit ihrem Fuß im Meeresgrund ein. Ganz langsam können sie sich damit auch fortbewegen. Herzmuscheln können sich mit ihrem Fuß von einem Stein abstoßen und so einen halben Meter weit „springen“. Miesmuscheln scheiden aus ihrem Fuß klebrige Fäden aus. Damit heften sie sich an Felsen fest.

Im Watt wird jeder Schnabel fündig. Lange Schnäbel stochern nach Würmern, kurze ziehen Muscheln und Schnecken heraus.

Im Meer leben sehr viele Muscheln. Am Strand findest du ihre Schalen.

Wie ernähren sich die Vögel im Watt?

Wenn sich das Wasser zurückzieht, wird aus dem Wattboden eine Festtafel für die Watvögel. Der Große Brachvogel zieht mit seinem langen Schnabel wie mit einer Pinzette Wattwürmer heraus. Der Austernfischer hebelt mit seinem kräftigen Schnabel Muschelschalen auf.

Na so was!

Das Watt knistert! Wenn sich die vielen Tausend Bewohner des Wattbodens im Schlick bewegen, macht es leise „klick“.

Strand und Dünen

Am Strand windet es oft heftig und im Sommer brennt die Sonne auf den Sand. Tiere und Pflanzen haben es hier schwer zu überleben. Aus Sand, den der Wind aufgehäuft hat, sind die Dünen entstanden.

Was ist die Salzwiese?

Die Salzwiese liegt zwischen dem Watt und den Dünen. Sie heißt so, weil der Boden regelmäßig von salzigem Meerwasser überschwemmt wird. Dort wachsen nur ganz genügsame Pflanzen. Viele Vögel ruhen sich in der Salzwiese aus.

Was wächst in den Dünen?

Die Pflanzen auf den Dünen müssen den starken Winden und der salzigen Gischt trotzen. Strandhafer, Stranddistel und Sandsegge haben tiefe, weit verzweigte Wurzeln. Diese verhindern, dass die Düne wieder weggeweht wird. Eidechsen, Schnecken und Wildkaninchen können sich zwischen den Pflanzen verstecken.

Warum sonnen sich Eidechsen?

Eidechsen gehören wie Schlangen und Krokodile zu den Kriechtieren oder Reptilien. Diese Tiere haben keine gleichbleibende Körpertemperatur wie Säugetiere oder wir Menschen. Sie sind immer so kalt oder so warm wie ihre Umgebung. Wenn sich die Eidechse also aufwärmen möchte, muss sie ein Sonnenbad nehmen.

Experiment

Salzblume oder nicht?

Die meisten Blumen brauchen zum Leben Süßwasser. Nur Strandpflanzen kommen mit dem salzigen Meerwasser klar. Du kannst selbst nachprüfen, wie normale Blumen auf Salzwasser reagieren.

Dafür brauchst du zwei Schnittblumen und zwei Trinkgläser. Ein Glas füllst du mit normalem Leitungswasser, also Süßwasser. In das andere Glas gibst du ebenfalls Leitungswasser und verrührst noch einen Esslöffel Salz darin. Dieses Salzwasser ist dem Meerwasser sehr ähnlich.
Stelle jeweils eine Blume in jedes Glas und beobachte, was passiert.
Die eine Blume fühlt sich wohl, die andere verwelkt nach kurzer Zeit.

Vögel an den Küsten

Die Küsten von Nord- und Ostsee sind die ständige Heimat von vielen Vögeln. Hier überwintern oder rasten aber auch Zugvögel, die vom eisigen Norden kommen.

Warum gibt es so viele Möwen?

Möwen fangen Fische, jagen anderen Vögeln die Beute ab, räubern deren Nester aus, fallen über den Abfall von Booten her und klauen sogar Spaziergängern ihr Fischbrötchen. Weil sie immer etwas zu fressen finden, können sie viele Jungvögel aufziehen.

Möwen sind ausgezeichnete Segelflieger.

Quiz

Welcher Küstenvogel trägt einen Frack?

Lösung: Austernfischer

Zu Beginn der Brutzeit trillern die Männchen laut.

Austernfischer

Aussehen: schwarze Oberseite und weiße Unterseite; Schnabel, Augen und Beine hellrot
Nistplatz: flache Mulde am Strand, in den Dünen oder in der Wiese
Ruf: „Kliep, kliep" und „Pick, pick"
Dauergast

Sandregenpfeifer

Aussehen: braun-weiß-schwarz gefiedert; Beine und Schnabel orange
Nistplatz: flache Bodenmulde am Strand
Ruf: „Tü-ih"
teils Dauergast, teils Zugvogel

Den Sandregenpfeifer erkennst du an seinem Brustband.

Mit seinem Schnabel schwingt der Vogel hin und her und fängt so kleine Tiere.

Säbelschnäbler

Aussehen: weiß-schwarz; lange, blaugraue Beine; langer schwarzer Schnabel
Nistplatz: Mulde am Strand oder in der Salzwiese
Ruf: „Klüht" und „Klipit, klipit"
teils Dauergast, teils Zugvogel

Der Steinwälzer sucht unter kleinen Steinen nach Nahrung.

Steinwälzer

Aussehen: Oberseite im Sommer rostrot-schwarz gefärbt, im Winter schwarzbraun; orangefarbene Beine
Nistplatz: Bodenmulde an der Küste
Ruf: „Tick, tick, tick"
Zugvogel

An ihren Füßen hat die Silbermöwe Schwimmhäute.

Silbermöwe

Aussehen: weiß mit hellgrauem Rücken; kräftiger, gelber Schnabel; Flügel hellgrau mit schwarzen Spitzen
Nistplatz: flache Mulde in Dünen oder Klippen
Ruf: „Kjau, kjau"
Dauergast

Großer Brachvogel

Aussehen: graubraun; lange Beine; langer, nach unten gebogener Schnabel
Nistplatz: Bodenmulde im Niedermoor und auf feuchten Wiesen
Ruf: „Tlüih" und „Gückückück"
Zugvogel

Bei uns gibt es nur noch sehr wenige Große Brachvögel.

Küstenseeschwalbe

Aussehen: weiß und hellgrau; schwarze Kappe; gegabelter Schwanz; langer roter Schnabel (im Winter dunkel); kurze rote Beine
Nistplatz: Mulde am Strand und in den Dünen
Ruf: „Kiärr"
Zugvogel

Entdeckt der Vogel Beute, taucht er vollständig unter Wasser.

Mit seinem Schnabel stochert der Vogel nach Würmern und Krebsen.

Alpenstrandläufer

Aussehen: im Sommer rostbraun mit schwarzen Flecken; Unterseite hellgrau; im Winter graubraun; dunkler Schnabel
Nistplatz: in Grasbüscheln und Mulden im Norden
Ruf: „Trir"
Zugvogel

Um kleine Beutetiere aufzuscheuchen, trampelt die Brandgans im flachen Wasser.

Brandgans

Aussehen: schwarz-weiß-rostrot; roter Schnabel; Schwimmhaut an den Füßen
Nistplatz: Erdhöhlen auf Salzwiesen oder in verlassenen Kaninchenbauen
Ruf: „Ak, ak, ak"
teils Dauergast, teils Zugvogel

Mach mit!

▶ Welche dieser Meeresbewohner sind keine Fische?

▶ Erzähle, wie sich das Wattenmeer im Laufe des Tages verändert.
Was bedeutet das für die Tiere an der Küste?

▶ Diese Küstenvögel rufen wild durcheinander. Weißt du, welcher Vogel was ruft?

Im Gebirge

Was sind Gebirge?

Hohe Berge mit steilen Gipfeln, dazwischen flache Täler – daran erkennst du die Gebirge. Sie sind vor vielen Millionen Jahren entstanden, als riesige Gesteinsplatten aufeinanderprallten und das Land hochdrückten.

Mittelgebirge sind bis zu 1500 Meter hoch. Ihre Hügel sind rundlich und meist stehen darauf viele Bäume.

Die Alpen in Europa sind ein Hochgebirge. Hier liegt besonders im Winter viel Schnee und oben wachsen keine Bäume mehr.

Ganz oben in den Gebirgen kann aus dichten Schneeschichten eine sich bewegende Eismasse, ein Gletscher, entstehen.

Der Mount Everest im Himalaja in Asien ist der höchste Berg der Welt. Sein Gipfel liegt 8850 Meter über dem Meeresspiegel.

Was wächst in einem Gebirge?

Je höher man vom Tal ins Gebirge hinaufsteigt, desto kälter und trockener wird es. Auch die Pflanzenwelt ändert sich von Stufe zu Stufe. Oberhalb von etwa 2000 Metern wachsen keine Bäume mehr, nur niedrige Pflanzen. Man nennt diese Schwelle deshalb Baumgrenze. Ganz oben in einem Gebirge gibt es schließlich nur noch nackte Felsen.

Na so was!

In den Gebirgen sind viele Pflanzen vom Aussterben bedroht. Um sie noch zu retten, stehen fast alle unter Naturschutz.

Pflanzen im Gebirge

Dort, wo im Hochgebirge keine Bäume mehr wachsen, gibt es viele kleine Blumen und Gräser. Sie blühen auf den Bergwiesen oder zwischen den Felsen. Hier oben ist es nur wenige Monate im Jahr warm.

Warum sind die Pflanzen wichtig?

Alpenblumen und Gräser treiben ihre Wurzeln tief in den felsigen Boden. Die Wurzeln geben dem steilen Berghang Halt und verhindern, dass Geröll oder Erde abrutscht. Schmetterlinge, Bienen und Hummeln freuen sich im Sommer über den süßen Nektar der bunten Blüten.

Wie trotzen die Pflanzen dem Wind und der Kälte?

Alpenblumen schmiegen sich dicht an den Boden, damit der Wind sie nicht fassen kann. Vor der eisigen Kälte schützen sie sich mit besonders dicken, behaarten Blättern. Manche Pflanzen lagern eine Art Frostschutzmittel in ihrem Innern ein.

Quiz

Was trinken Schmetterlinge, Bienen und Hummeln von den Alpenblumen?

Lösung: Nektar

Wie ernähren sich die Pflanzen im Gebirge?

Um in dem unwirtlichen Lebensraum nicht zu verhungern und zu verdursten, kennen die Gebirgspflanzen einige Tricks. Manche sind viel kleiner als ihre Verwandten im Tal. So brauchen sie weniger Wasser und Nahrung. Andere treiben auf der Suche nach Wasser ihre Wurzeln tief in den Fels. Und dann gibt es noch die Selbstversorger: Sie fangen in ihrem dichten Polster ihre eigenen abgestorbenen Blätter und Blüten auf. Diese zerfallen allmählich zu fruchtbarer Erde.

Bastelidee

Bastel dir dein eigenes Gebirge

Du brauchst: alte Zeitungen, Tapetenkleister, 1 Kilogramm Mehl, großen Eimer, heißes Wasser

1. Reiße die Zeitungen in sehr kleine Stücke und gebe sie in einen großen, mit Wasser gefüllten Eimer. Lasse das Papier einweichen.
2. Rühre den Kleister und das Mehl unter. Wird die Pampe zu flüssig, drücke Wasser aus und rühre mehr Kleister ein.
3. Forme daraus mit den Händen Berge und lasse sie ein paar Tage trocknen.

Wenn die Berge trocken sind, kannst du sie anmalen.

Tiere im Gebirge

Auch die Tiere haben sich für das raue Leben im Gebirge gewappnet. Manche verbringen den Winter in niedrigeren Lagen, andere halten Winterschlaf. Die Bewohner des Hochgebirges sind für ein Leben in eisiger Kälte ausgestattet.

Welche Tiere sind die besten Kletterkünstler?

Geschickt und leichtfüßig klettern Steinböcke und Gämsen selbst steile Hänge hinauf. Sie haben kleine rutschfeste Hufe. Damit finden sie noch auf dem schmalsten Vorsprung Halt. Steinböcke vollführen auch waghalsige Sprünge: Sie können aus dem Stand vier bis fünf Meter weit über eine Felsspalte springen.

Warum wechselt das Hermelin sein Fell?

Das Fell des Hermelins ist im Sommer an der Oberseite braun wie die Erde. Das dichte Winterkleid ist bis auf die schwarze Schwanzspitze weiß wie der Schnee. So wird das Tier von Greifvögeln nicht so leicht entdeckt. Auch Schneehase und Schneehuhn tragen im Winter ein weißes Tarnkleid.

Das Hermelin im Sommer und im Winter

Quiz

Warum bekommen manche Tiere im Winter ein weißes Fell oder weiße Federn?

Lösung: Zur Tarnung im Schnee

Was machen die Tiere im Winter?

Wenn eine dicke Schneeschicht auf den Bergen liegt, finden die Tiere keine Nahrung mehr. Deshalb verschlafen Murmeltiere in ihren Bauen den Winter. Schneehühner buddeln eine Höhle in den Schnee, in der es viel wärmer ist als draußen. Anderen Tieren wächst ein besonders dichtes Fell, das sie warm hält.

Welches dieser Tiere entdeckst du auf dem großen Bild wieder?

Diese Tiere sind Meister der Anpassung:

Die Alpenhummel baut ihre Nester unter der Erde, meist in verlassenen Mäusenestern. Auch bei sehr kalten Temperaturen ist sie noch im Gebirge zu sehen.

Der Hochalpen-Apollo flattert auch in über 2000 Metern Höhe munter umher. Leider ist der schöne Schmetterling vom Aussterben bedroht.

So weit oben wie die wuselige Schneemaus lebt kaum ein anderes Säugetier. Sie bewegt sich sicher und geschickt durch die kleinsten Spalten im Fels.

Vögel im Hochgebirge

Elegant umkreisen große Greifvögel die Gipfel der Berge und spähen nach Beute aus. Auch Krähen, Raben und selbst ein paar Singvögel sind in den kalten, luftigen Höhen zu Hause.

Wo bauen die Vögel ihr Nest?

Der Steinadler und der Bartgeier bauen ihre Nester hoch oben in den Felsen. Hier kann sie niemand stören. Die Nester sind sehr groß und werden Horste genannt. Auch die meisten anderen Vögel des Hochgebirges nisten an Vorsprüngen oder Spalten im Fels.

Vierzehn Tage altes Steinadlerbaby

Na so was!

In den Alpen waren die Bartgeier ganz ausgerottet. Vor einiger Zeit hat man wieder welche ausgewildert.

Der Bartgeier ist der größte Greifvogel in Europa.

Bartgeier

Aussehen: sehr groß; dunkle Flügel und gefiederte Beine; Hals und Unterseite ockerfarben bis rostrot; weißer Kopf, schwarze Borstenfedern am Kinn
Nistplatz: hoch in den Felsen an unzugänglichen Stellen
Ruf: keiner

Steinadler

Aussehen: sehr groß; dunkelbraun; kräftiger Hakenschnabel; Federn an den Beinen; Füße mit langen, scharfen Krallen
Nistplatz: in steilen Felswänden, auch auf Bäumen
Ruf: „Hijäh" und „Kjeck, kjeck, kjeck"

Der König der Lüfte lässt sich gern von Winden tragen.

Der Wanderfalke schlägt seine Beute im Sturzflug.

Wanderfalke

Aussehen: mittelgroß; dunkelgraue Oberseite, helle Brust mit dunklen Bändern; gefiederte Beine
Nistplatz: in Felsnischen und auf hohen Bäumen
Ruf: „Kozick" und „Gäh, gäh, gäh"

Alpendohlen kannst du auf Berghütten beobachten.

Alpendohle

Aussehen: schwarzer Rabenvogel; gelber Schnabel
Nistplatz: in Felsnischen, auch in Mauernischen an Bergstationen
Ruf: „Tjip", „Krürr" und „Krah"

Der Mauerläufer klettert steile Felswände empor.

Mauerläufer

Aussehen: grauer Singvogel; langer, gebogener Schnabel; leuchtend rotschwarze Flügel; schwarzer Schwanz
Nistplatz: in Felsspalten
Ruf: „zuii"

Kolkrabe

Aussehen: großer schwarzer Rabenvogel; mächtiger, schwarzer Schnabel
Nistplatz: in Baumkronen oder in Felswänden
Ruf: „Krorrk", „Klock" und „Krack, krack"

Kolkraben verstecken ihre Nahrung vor anderen Raben.

Schneefink

Aussehen: Singvogel mit grauem Kopf, graubraunem Rücken, heller Unterseite; lange Flügel
Nistplatz: in fast geschlossenen Felshöhlen oder in Mauern von Berghütten
Ruf: „Zjiiih", „Ti, ti, zü" und „Tjett, tjett, tjett, tjett"

Der Schneefink pickt seine Nahrung vom Geröllboden auf.

Im Winter ist das Gefieder weiß wie der Schnee.

Alpenschneehuhn

Aussehen: kleiner als ein Haushuhn; braun gemustertes Sommerkleid; weiße Flügel, weißer Bauch, weiß gefiederte Beine; im Winter ganz weiß
Nistplatz: zwischen Pflanzen oder Steinen
Ruf: „Arr, Orr" und „Kück"

Die Alpenbraunelle trifft man oft in der Nähe von Berghütten.

Alpenbraunelle

Aussehen: Singvogel mit grauem Kopf, grauer Brust, rostbraun gestreiften Seiten
Nistplatz: in Felsspalten oder einer Bodensenke
Ruf: „Brürr" und „Trrli"

Mach mit!

▶ Was wächst wo im Gebirge?

▶ Was darfst du im Gebirge nicht machen?

▶ Was stimmt hier nicht? Im linken Bild sind drei Fehler, im rechten vier.

Die Natur schützen

Natur in Gefahr

Die Pflanzen, die Tiere und wir Menschen sind ein Teil der Natur. Sie versorgt uns mit Nahrung, Wasser und Luft zum Atmen. Deshalb müssen wir sie gut schützen und alles tun, um sie zu bewahren.

Na so was! Jede vierte Säugetierart ist vom Aussterben bedroht. Auf der „Roten Liste gefährdeter Tiere" stehen alle Tierarten, die es bald nicht mehr geben könnte.

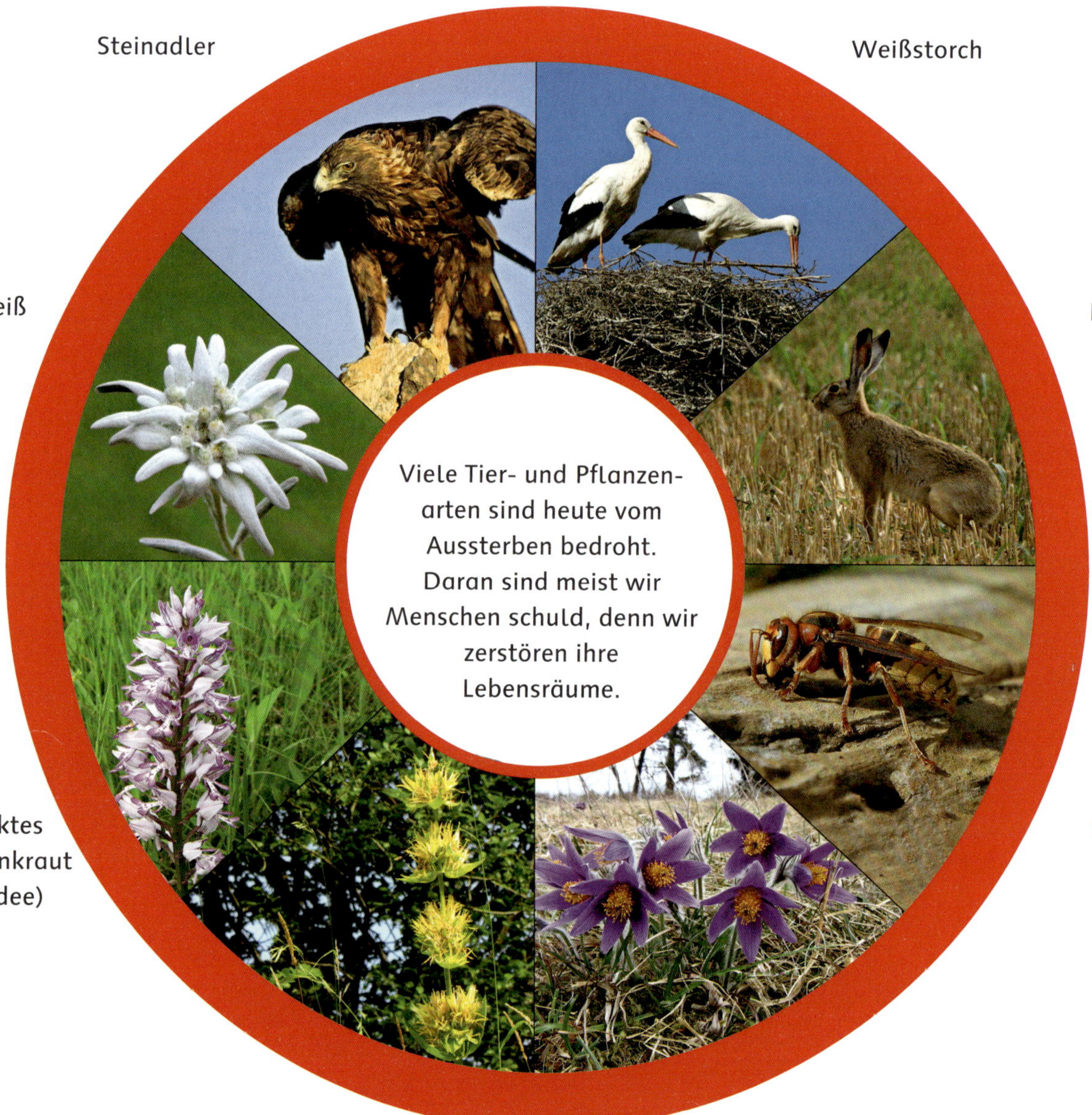

Steinadler

Weißstorch

Edelweiß

Feldhase

Geflecktes Knabenkraut (Orchidee)

Hornisse

Gelber Enzian

Wiesenküchenschelle

Schädliche Abgase aus Autos verschmutzen die Luft.

Wie schaden wir der Natur?

Um unsere Häuser zu heizen, verbrennen wir Öl, Gas oder Kohle. Beim Autofahren wird Benzin verbrannt. Dabei werden giftige Gase in die Luft abgegeben. Um Papier oder Möbel herzustellen, fällen wir viele Bäume. Die Wälder als Lebensraum für unzählige Tiere und Pflanzen werden immer kleiner. Außerdem sind die Bäume wichtig, um die Luft zu reinigen. Manche Menschen werfen ihre Abfälle achtlos in die Natur – damit schaden sie Pflanzen und Tieren.

Kraftwerke und Fabriken geben giftige Gase ab.

Quiz

Welches Tier ist bedroht, wenn durch die Erderwärmug das Eis der Arktis schmilzt?

Lösung: der Eisbär

Was ist der Klimawandel?

Um unsere Erde gibt es eine Lufthülle, die Atmosphäre. Sie lässt nur einen Teil der Sonnenstrahlen, die die Erde zurückwirft, durch. Nur so ist es auf unserem Planeten warm genug zum Leben. Die Abgase von Fabriken, Autos und Flugzeugen verändern die Atmosphäre. Sie hält immer mehr Sonnenstrahlen zurück und auf der Erde wird es zu warm. Dadurch schmelzen die Polkappen und die Gletscher. Diese Veränderungen nennt man Klimawandel.

Sei freundlich zur Natur

Alle Lebewesen haben ein Recht darauf zu leben. Wir müssen rücksichtsvoll mit ihnen umgehen und jedes Tier und jede Pflanze achten.

? Warum sind auch ganz kleine Tiere wertvoll?

Jedes Tier hat in der Natur seinen Platz und seine Aufgabe. Wenn nur eine einzige Art ausstirbt, wirkt sich das auf viele andere aus. Gäbe es zum Beispiel ein kleines Insekt nicht mehr, von dem sich ein Vogel ernährt, würde auch er bald aussterben.

Das darf man in der Natur nicht tun:

Man darf keine wilden Tiere beim Ruhen und Brüten stören. Man darf keine Tiere verletzen oder töten, auch keine Raupen, Kaulquappen oder Eier.

Man darf keine wilden Pflanzen ausgraben. Besonders geschützte darf man auch nicht pflücken.

Man darf einen Lebensraum nicht beschmutzen oder zerstören und keine Abfälle in der freien Natur zurücklassen.

Das kannst du für die Umwelt tun:

Mach dir bewusst, dass du in der Natur durch das Zuhause von Tieren und Pflanzen läufst. Sei deshalb leise und pass auf, wo du hintrittst.

Hilf mit, Abfall zu vermeiden. Dein Pausenbrot gehört in die Dose statt in Alufolie. Lasse deinen Müll nie in der Natur liegen!

Nimm zum Malen und Basteln Papier aus Altpapier, umweltfreundliche Holzstifte und Stifte mit austauschbarer Mine.

Was du tun kannst

Jeder von uns kann etwas für die Umwelt tun. Umweltschutz kann im Garten, im Haus, in der Schule … eigentlich überall stattfinden. Wenn du keinen Garten hast, gibt es vielleicht eine Grünfläche in der Nähe.

Ein Unterschlupf für den Igel

Tiere wie der Igel brauchen ein paar wilde Fleckchen, die sich selbst überlassen bleiben, und keinen Garten, in dem immer alles aufgeräumt ist.

Schichte im Herbst Äste und Zweige zu einem Reisighaufen auf.

Decke den Reisighaufen mit Laub ab. Darunter kann sich der Igel ein Nest für den Winterschlaf einrichten.

Eine Wildblumenecke

Wenn du heimische Wildpflanzen säst, hilfst du vielen Tieren, die sich davon ernähren. Am besten legst du deine Wildblumenecke im Frühjahr an.

Grabe in einer Ecke des Gartens den Rasen etwa 10 Zentimeter tief ab.

Gib eine 10 Zentimeter dicke Schicht Sand und etwas Kompost darauf.

Streue die Samen gleichmäßig aus. Dann regelmäßig gießen.

Sparsam verbrauchen

Wenn du Energie sparst und Müll vermeidest, schützt du die Umwelt. Viele Tipps sind ganz leicht umzusetzen.

Benutze keine Plastiktüten, sondern nimm dir für deine Einkäufe einen Korb oder einen Stoffbeutel mit.

Schalte das Licht und elektrische Geräte sofort aus, wenn du sie nicht mehr brauchst.

Benutze öfter den Zug, den Bus oder dein Fahrrad, und lasse dich nicht mit dem Auto fahren.

Bastelidee

Vogelfutterglocken für den Winter

Im Winter finden die Vögel, die die kalte Jahreszeit bei uns verbringen, wenig Nahrung. Du kannst ihnen helfen, indem du Leckereien für sie aufhängst.
Du brauchst: einen Futterknödel, einen kleinen Tontopf, eine feste Schnur

1. Mit Acrylfarbe kannst du den Tontopf bunt bemalen.

2. Wenn die Farben getrocknet sind, befestige den Knödel an der Schnur und stecke diese duch die Öffnung des Tontopfs. Nun kannst du die fertige Vogelfutterglocke draußen an einen stabilen Ast hängen.

Tiere bestimmen

Vögel haben Federn, Flügel, einen Schnabel und legen Eier!

Reptilien haben eine schuppige Haut. Sie legen Eier und leben an Land und im Wasser.

Säugetiere haben meist Haare auf der Haut. Sie ernähren ihre Jungen mit eigener Milch.

Amphibien (Lurche) haben eine glatte, feuchte Haut. Sie können an Land und im Wasser atmen.

Die meisten **Fische** sind mit Schuppen bedeckt. Mit Kiemen atmen sie unter Wasser.

Die meisten Tiere gehören zu den **Wirbellosen**: Zu ihnen zählen Insekten, Spinnen, Schnecken, Würmer, Muscheln, Quallen und Krebse.

Pflanzen bestimmen

sehr groß

groß bis mittelgroß

klein

Größe und Form

Wie groß ist die Pflanze und was für eine Form hat sie? Ein Baum ist sehr groß und hat einen kräftigen Stamm. Ein Strauch ist kleiner und hat mehrere holzige Triebe. Eine Blume ist klein und hat einen Stängel, Blätter und eine oder mehrere Blüten.

Blätter

Wie sehen die Blätter aus? Achte auf die Form: Sind sie rund, herzförmig, dreieckig oder nadelförmig? Schau dir dann den Rand genau an: Ist er glatt, gezackt oder hat er Einbuchtungen? Außerdem kannst du Pflanzen noch nach dem Aussehen und der Farbe ihrer Blüten bestimmen.

eiförmig,
am Rand gesägt

kurze, flache Nadeln, weich

umgekehrt eiförmig,
am Rand gebuchtet

fleischig,
mit mehreren Kernen

trocken,
mit harter Schale

fleischig,
mit einem Kern

Früchte

Was für Früchte trägt die Pflanze? Trockene Früchte wie Eichel oder Walnuss haben ein hartes Gehäuse. Bei anderen Früchten sind die Samen von saftigem Fruchtfleisch umgeben. Pflaumen haben nur einen Kern, Äpfel oder Johannisbeeren mehrere.

Mach mit!

▶ Schau genau! Was gehört hier nicht hin?

▶ Was gehört zusammen in den Müll?

▶ Beschreibe das Aussehen der drei Blumen. Wie sehen die Blätter aus? Welche Farben haben die Blüten?

Wo sind diese Bilder im Buch?

Auf den nächsten Seiten siehst du ein paar Bilder aus dem Buch noch einmal. Erinnerst du dich noch, was man darauf sieht? Die umgedrehte Seitenzahl verrät dir, wo du die Bilder im Buch findest.

Warum leben diese Tiere in der Stadt?

Seite 8/9

Wie entsteht ein neuer Löwenzahn?

Seite 13

Wie heißen diese Früchte?

Seite 22/23

Welche Jahreszeit siehst du hier?

Seite 30

Wann geht die Fledermaus auf Beutefang?

Seite 40

Erinnerst du dich noch?

Wo leben diese Tiere?

Seite 45

Welche beiden Pilze sind giftig?

Seite 47

Warum ist das Gefieder der Waldschnepfe braun wie der Boden?

Seite 48

Wie nennt man kleine Froschbabys?

Seite 71

Warum baut der Biber einen Damm?

Seite 75

Welchen Lebensraum siehst du hier?

Seite 76

In welchem Teil des Meeres leben diese Fische?

Seite 83

Was machen die Vögel hier?

Seite 87

Welcher Vogel lebt an der Küste?

Seite 91

Wo lebt der Steinbock?

Seite 98

Welcher Vogel ist der Steinadler?

Seite 100

Was darfst du hier nicht tun?

Seite 107

Internetadressen

www.kinder-machen-mit.de
Informationen sowie Spiel- und Basteltipps zum Thema Natur erleben

www.bmu-kids.de
Kinderseite des Bundesumweltministeriums mit vielen Informationen zum Umweltschutz sowie Experimenten, Bastel- und Spielideen

www.greenpeace4kids.de
Informationen und neueste Nachrichten zu Natur- und Umweltschutz

www.hoppsala.de
Bastelideen mit Naturmaterialien

www.malvorlage-bilder.de
Malvorlagen und Bastelideen

http://www.kindernetz.de/oli/tierlexikon/
Tierlexikon für Kinder

www.blinde-kuh.de
www.milkmoon.de
www.helles-koepfchen.de
Suchmaschinen mit Informationen für Kinder

Bildnachweis

Fotos:
Reinhard Witt: 12, 108 o. r./M. r./u. r. **iStockphoto:** 14 (Tjanze), 29 (Alexey Sokolov), 41 o. l. (JoeLena), 46, 104 Adler (John Pitcher), 49 (Jon Tarrant), 52 (Nikolaj Schouboe), 69 (Fred Froese), 71 (arlindo71), 73 (thepropshoppe), 77 (Gabriela Insuratelu), 85 (david hills), 90 (Tyson Wirtzfeld), 94 M. l. (Peter Eckhardt), 94 M. r. (ra-photos), 94 u. l. (raimond siebesma), 94 u. r. (Holger Mette), 104 Storch (Chatharina van den Dikkenberg), 104 Hase (Joze Pojbic), 104 Edelweiß (Ales Veluscek), 105 o. l. (David Parsons), 105 M. r. (Nadya Lukic) **Simon Kammermeier:** 15, 37, 41 M. r., 53, 63 M. r., 89, 97, 109 M. r. **Fotolia.com:** 21 (Sonya Etchison), 33 (Monkey Business), 61 (Nadezhda Bolotina), 108 M. l. (NJ), 108 u. l. (Harald Lange) **www.malvorlage-bilder.de / Thomas von Stetten:** 25 **Digitalstock:** 63 o. l. (D. Möbus) **Wikipedia:** 74, 100 **pixelio.de:** 104 Hornisse (Dieter Haugk), 104 Küchenschelle (Erich Keppler), 104 Enzian (Rolf Handke), 104 Knabenkraut (P. Weber) **Sven Alender:** 109 u. r.

Umschlagfotos:
Fotolia.com: Igel, Eichhörnchen (Eric Isselée), iStockphoto

Illustrationen:
Stefan Seidel: 78 u., 109, 110 **Elisabetta Ferrero:** 80 u. **Melanie Brockamp:** 112 M.

Bibliografische Information der Deutschen Nationalbibliothek:

Die Deutsche Nationalbibliothek verzeichnet diese Publikation in der Deutschen Nationalbibliografie. Detaillierte bibliografische Daten sind im Internet über **http://dnb.d-nb.de** abrufbar.

4 3 2 1 14 13 12 11

Postfach 1860
88188 Ravensburg

Text: Angelika Lenz
Illustrationen: Lisa Althaus (Character), Christine Henkel, Gudrun Lenz
Redaktion: Yvonne Stein, Julia Reindl
Printed in Germany

ISBN 978-3-473-55245-0

www.ravensburger.de